自動控制系統
基礎與應用

工業技術研究院 機械與機電系統研究所 編著

五南圖書出版公司 印行

序

筆者進行控制系統相關研究並教授自動控制相關課程，最常遇到同學們問到：「自動控制系統的目的是什麼？它又可以用在哪裡？為什麼有那麼多的數學？」正因為如此，同學們對自動控制系統的學習意願普遍低落，越學就越沒興趣，學習成績就會越差，成績越差也就更沒興趣，因此進入一個不良的學習循環。即使是學習成績良好的同學，也不知道為什麼要學習自動控制系統，只知道它是大學部的必修課程，沒有通過考試就沒辦法取得學分，也就沒辦法畢業。自動控制通常是研究所入學考試控制相關類組的必選考科，所以要報考的同學們，再如何艱難，也要將自動控制課程的內容記起來，然後多做練習題以取得良好成績進入研究所就讀。回想筆者大學時期的心態也是如此，畢竟自動控制系統不像其他學科，如機械設計或電子電路等，可以看得到摸得著；有時候，自動控制系統甚至虛幻到難以憑空想像。但是幾年後回想，自動控制系統會列為大學部的必修課程不是沒有道理，因為不管是工業應用或是日常生活應用，有形的或是無形的人事物，要獲得良好的運作結果，還是必須依賴有系統化的自動控制設計及分析過程，不然，往往會陷入嘗試錯誤的猜謎活動，不瞭解系統的因果關係而隨意組合系統架構，或者不認識影響系統的控制變數，而以試誤方法隨意猜測調整，不但無法得到系統該有的功效，也容易耗費許多人力、物力、財力，延長系統開發時間，增加系統發展成本。

目前已有許多書籍，無論是國內著作翻譯或是國外原文書，皆清楚說明自動控制系統的設計方法及概念；然而，就如同前述，過度複雜的數學以及未知目的的學習過程，往往使得剛開始接觸自動控制系統的同學們感到徬徨失措。有鑒於此，本書的撰寫目的有別於現有自動控制相關書籍，以淺顯易懂的方式以及簡易的數學概念，傳達給剛開始接觸自動控制系統的同學們，並瞭解自動控制系統的觀念以及未來可能面臨的問題。此外，本書提供許多實際的應

用案例，向同學們介紹自動控制系統的應用，藉此提高同學們的學習動機與興趣。本書並列舉工業界實際應用案例，使進階的讀者們可以更加瞭解控制系統設計過程與應用的多樣性，體會本書所述之控制系統設計方法與步驟。因此，本書定位為自動控制系統學習的預備或開端，適用於高三至大一與大二階段的同學們閱讀，可作為將來學習自動控制系統設計與分析的基礎準備。基於前述的寫作動機及目的，本書內容共分有三大單元：

本單元案例是由工業技術研究院機械與系統所之自動控制系統領域的資深專家，依實際的工業應用現況進行案例解說，案例名稱與資深寫作專家分別為：

　　筆者在此感謝總統府資政暨清華大學李家同教授以及工業技術研究院張所鋐副院長、張念慈組長對深耕自動控制基礎技術的努力而促成本書；感謝筆者辛苦的台北科大機電所碩士班學生：林慶揚同學、洪人爵同學、余翊禎同學、楊育昕同學、孫偉恆同學協助應用例撰寫；特別感謝工業技術研究院機械與系統所周柏寰研究員、杜彥頤研究員、韓孟儒研究員、孫冠群研究員、陳斌勇研究員、簡金品資深研究員、林金亨工程師在百忙之中仍撥冗撰寫進階應用例。謹此以伸謝忱。

台北科大機械系　葉賜旭 謹識

目 錄

CONTENTS

目 錄

基本概念與
應用案例

1.1 │ 淺談自動控制系統

　　介紹自動控制系統之前，首先須瞭解什麼是「控制」？什麼是「系統」？什麼又是「控制系統」？在這裡，「控制」是指達成某些目標的方法或手段，「系統」是指可以執行某些工作的個體或群體；因此，「控制系統」是指「藉由某些方法或手段使得執行工作的個體或群體達成某些目標」。日常生活中有許多控制系統的例子，例如：洗衣機是藉由清水與洗衣粉攪拌的方法，使得洗滌機器運作以達成洗淨衣服的目標；電風扇是藉由葉片旋轉的方式，使得馬達機器運作以達成空氣流動的目標；汽車是藉由引擎驅動輪軸的方式，使得車體移動以達成運送人員或物件的目標；而「人」更是一個更複雜的控制系統，可以思考適當的方法或手段，讓身體（主要由五官與四肢構成的群體）執行手腳的協調動作，以完成百米衝刺或長途馬拉松的跑步目標。

　　由此可知，控制系統必定存在想要達成的「目標」，但是目標是否一定會達成？就須視控制的方法以及系統的執行工作能力而定；所謂「使命必達」，指的就是藉由適當的控制方法搭配優良執行工作能力的系統可完美地達成目標。然而，在大多數的情況下，想要達成的目標往往與控制系統的實際「結果」有落差；也因此，如果不更換系統，就必須改變控制的方法或手段，使得控制系統的實際結果在可接受的範圍。例如：洗衣機的控制系統目標是將被洗衣物洗得「潔白如新」，但是對於無法更換的洗滌機器（系統），不好的洗衣方法（控制）會使得此洗衣目標無法達成；因此，改變洗衣方法（控制）的設計，即便無法達成「潔白如新」的洗衣目標，但只要不過於骯髒，即是可以接受的實際結果。圖 1-1-1 即簡單地表示控制系統、目標、結果之間的關係。對控制系統而言，控制部分需要對想要達成的目標設計達成目標的方法或手段，系統部分則依設計方法或手段運作並產生實際的結果；因此，如果以工程語言描述，目標可以是控制系統的「輸入」，而結果可以是控制系統的「輸出」。

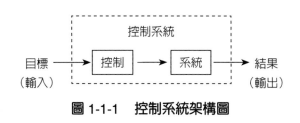

圖 1-1-1　控制系統架構圖

　　顯然地，根據控制系統的描述，控制的方法或手段會影響控制系統結果（輸出）與目標（輸入）的相近程度。理想上，控制的方法使得結果（輸出）與目標（輸入）越是接近為最佳。「手動控制」是最傳統與古老的方法，以人為的方式直接影響控制系統的結果。例如：駕駛人與汽車即為最典型的手動控制系統範例，駕駛人手握方向盤影響汽車的行駛方向，使其往目的地前進，腳踏油門踏板可以影響汽車的行駛速率維持在理想的速限範圍內。但手動控制卻也是最容易發生問題的方法，主要是因為人的行為容易因為外界環境或身心狀態的影響而存在些許的不準確性與不確定性，例如：汽車行駛在昏暗不明的環境（深夜或大霧）時，駕駛人容易因為看不清楚而使汽車偏離目標往錯誤方向前進；或是駕駛人由於忽略車速表而使車速超過道路速限；駕駛人也可能因為疲勞與神智不清而導致危險駕駛。在其他領域的應用，手動控制也往往會因為人為操作的危險性、不準確性以及人事成本的考量而較少或無法使用。例如：不適合人員操作手動控制的化學工廠與核能電廠等危險作業環境、人員以手動控制方式無法製造與組裝的高精密零組件，以及需要使用大量人工與長時間作業的製造生產線，手動控制將增加製造成本，並且無法提供良好的生產效率。

　　基於手動控制的應用限制，「自動控制」隨即成為影響控制系統結果的思考方向，亦即不藉由人為方式影響控制系統的結果並使之達成目標。例如：家家必備的沖水馬桶就是一個自動控制系統，當水箱把手下壓沖水後，水箱會開始注水並且由箱內浮球控制注水閥門，當注水到達固定水箱水位時，注水閥門自動關閉使停止注水並完成自動注水的動作目標。家用電鍋也是一個自動控制系統，當加熱開關按下後，電鍋內的電熱器開始加熱並且由溫度感測器偵測電鍋內溫度，當溫度到達設定溫度時，電熱器自動關閉使停止加熱並完成自動加熱的動作目標。還有辦公大樓

的電動門，當人員靠近電動門前時，裝置於門上方的紅外線偵測器或裝置於門前地墊下方的重量感應器可感應人員靠近並啓動馬達打開電動門，當人員通過後電動門自動閉合並完成自動開門的動作目標。近年來，由於電腦科技的迅速發展，電腦體積越來越小且資料處理的速度越來越快，自動控制系統的應用範圍亦越來越廣泛也越來越高科技。例如：智慧洗衣機可偵測洗衣水中的雜質含量並藉此判斷衣服的洗淨程度，當洗衣水雜質含量過高表示衣服尚未洗淨，洗衣機就會自動延長洗衣時間或添加洗衣粉，待雜質含量低於設定程度時，洗衣機才停止洗衣過程達成潔淨衣服的目標。自動控制系統應用於車輛，可達成自動防止碰撞與自動路邊停車的動作目標。自動防止碰撞功能可藉由裝置在車輛前方的超音波偵測前方障礙物距離，當障礙物距離車輛低於設定範圍時，車輛可自動啓動煞車裝置停止前進以避免碰撞前方障礙物；自動路邊停車功能可藉由裝置在車輛周圍的超音波偵測四周障礙物與其他車輛的距離與位置，車輛電腦依此偵測訊息計算路邊停車的切入角度並自動旋轉方向盤，經過反覆的超音波偵測與車輛移動過程可達成自動路邊停車的目標。由於自動控制系統可大幅降低人爲操作的不準確性與不確定性，因此有廣泛的工業應用。例如：運用在化學工廠與核能電廠等危險作業環境以完成生產製造與維護的工作目標、製造與組裝高精密零組件以提高製造產品的精密度與運作性能，以及使用在長時間作業的製造生產線以降低製造的人事成本並提高生產效率。

參考資料

1. G.F. Franklin, J. David Powell, M.L. Workman (1997): Digital Control of Dynamic Systems (3rd Edition), Addison-Wesley.

2. F. Golnaraghi, B.C. Kuo (2009): Automatic Control Systems (9th Edition), Wiley.

3. 王振興、江昭皚、陳世昌、黃漢邦（2001）：自動控制系統（第八版），東華書局股份有限公司。

4. Wikipedia: https://en.wikipedia.org/wiki/Automatic_control.

1.2 ｜ 發展歷史簡介：古希臘時代

　　自動控制系統的歷史可以追溯到西元前 300 年，古希臘發明家克特西比烏斯（Ctesibius，西元前 285 年至西元前 222 年）活躍的年代。克特西比烏斯曾將水滴入容器內，利用容器內浮筒隨著水位上升的工作原理，由裝置在浮筒上方的齒條帶動旋轉機械，建構可精準指示時間的水鐘（water clock），而這也是最早期完全由機械作動的自動控制精準水鐘。

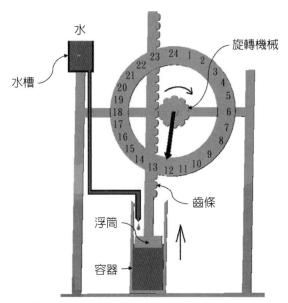

圖 1-2-1　克特西比烏斯的水鐘示意圖

　　菲隆（Philon，西元前 280 年至西元前 220 年）約在西元前 250 年發明可自動補充燈油的油燈。菲隆在補充油槽的上方裝置空氣流通的管道並在下方裝置燈油流通的管道，當油燈內的燈油因燃燒燈芯而高度下降時，油面與空氣流通管道口未接觸，使得空氣可因此流入補充油槽且燈油可經由燈油流通管道注入油燈內；當油燈內的燈油高度上升並使得油面覆蓋空氣流通管道口時，空氣停止流入補充油槽且燈油停止注油入油燈內。

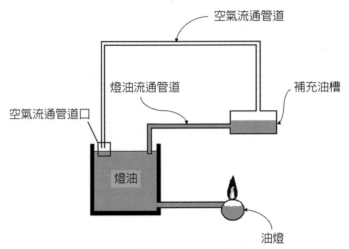

空氣流通管道

燈油流通管道

補充油槽

空氣流通管道口

燈油

油燈

圖 1-2-2　菲隆自動補充燈油的油燈示意圖

　　古希臘數學家希羅（Heron，西元 10 年至西元 70 年）則發明販售聖水（holy water）的自動販賣機（vending machine）。使用者將錢幣投入販賣機內的平板鍋裡，當錢幣累積一定的重量後，連接平板鍋的槓桿會打開出水閥門，此時聖水就由販賣機出水口流出；聖水流出販賣機的同時，由於平板鍋處於傾斜的狀態，累積的錢幣會滑落到販賣機底部，平板鍋與槓桿即回復到原來的狀態，出水閥門關閉停止聖水流出，這也是世界上第一台完全由機械作動的自動販賣機。希羅更發明應用蒸氣動力的汽轉球（aeolipile），這被公認為最早期的蒸氣引擎，其發展歷史更早於工業革命的年代。鍋爐燒水產生蒸氣，順著管路流入可旋轉的球形容器內，由於該球形容器的兩端具有蒸氣的排出口，因此蒸氣排出可產生推力使得球形容器旋轉。希羅也應用氣體熱脹冷縮的原理製作神廟的自動門，當門扉需要開啟時，僧侶會先點燃火壇使得火壇下方的氣體膨脹，膨脹的氣體會將球形容器內的水推入外部的盛接容器，加重容器重量以拉動門扉開啟；當火壇的火熄滅時，火壇下方的氣體收縮，盛接容器內的水回流到球形容器內並使得盛接容器重量減輕，此時裝置在門扉另一端的重物重量就會將門扉朝另一運動方向拉去使得門扉閉合，完成神廟門扉自動開啟閉合的動作循環。

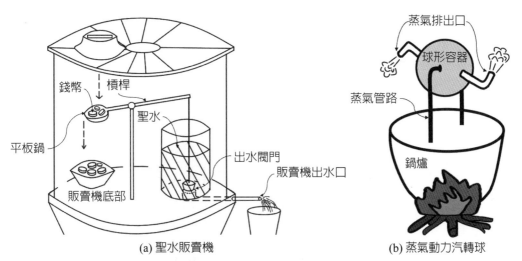

錢幣
槓桿
聖水
平板鍋
出水閥門
販賣機出水口
販賣機底部
(a) 聖水販賣機

蒸氣排出口
球形容器
蒸氣管路
鍋爐
(b) 蒸氣動力汽轉球

圖 1-2-3　希羅的聖水販賣機與蒸氣動力汽轉球示意圖

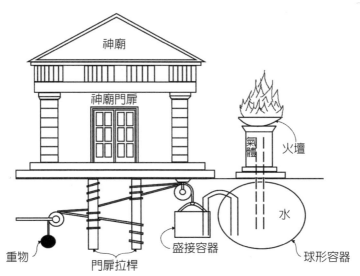

神廟
神廟門扉
氣體
火壇
重物
門扉拉桿
盛接容器
水
球形容器

圖 1-2-4　希羅的神廟自動門示意圖

　　早期釀酒槽內的液位高度控制也是知名的自動控制系統範例，利用浮動閥門的高度可自動調節注水口的大小並改變出水量，其動作原理也常見於現代的沖水馬桶。當水槽液面較低時，浮動閥門遠離注水口，使得注水口可持續將水注入水槽

中，此時水槽液面不斷上升同時也帶動浮動球上升；當水槽液面到達設定高度時，浮動閥門即阻塞注水口使得注水口停止出水，以維持目前的液面高度。

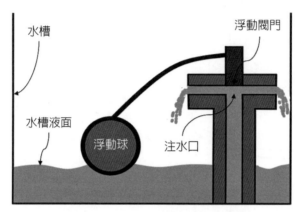

圖 1-2-5　液位高度控制示意圖

參考資料

1. C.C. Bissell (2009): A History of Automatic Control, in Springer Handbook of Automation (Editor: S. Nof), Springer.

2. B.C. Williams (2005): Interaction-based Invention: Designing Novel Devices from First Principles, in Expert Systems in Engineering Principles and Applications, Springer.

3. Wikipedia: https://en.wikipedia.org/wiki/Ctesibius.

4. Wikipedia: https://en.wikipedia.org/wiki/Hero_of_Alexandria.

5. Wikipedia: https://en.wikipedia.org/wiki/Philo_of_Byzantium.

1.3 | 發展歷史簡介：工業革命時代

　　西元 1620 年，德雷貝爾（Cornelis Drebbel，西元 1572 年至 1633 年）發明恆溫控制的孵蛋箱，利用機械式的水銀恆溫器調節孵蛋箱內溫度。孵蛋箱的構造有內層與外層，內層用來裝置蛋槽與水銀恆溫器，並以隔水方式加溫蛋槽；外層則裝置有火源與排煙通道。水銀恆溫器是由酒精與水銀作為填充液體，並以槓桿聯結孵蛋箱的上蓋板。當須加溫內層蛋槽時，火源開始加熱並使得水銀恆溫器內的酒精膨脹，當達到預設溫度時，恆溫器推擠槓桿使上蓋板蓋住孵蛋箱熄滅火源並保溫；當孵蛋箱內溫度過低時，水銀恆溫器內酒精收縮並使槓桿拉動上蓋板，打開孵蛋箱上蓋板同時啟動火源加熱。在此，聯結孵蛋箱上蓋板的槓桿長度會影響上蓋板打開與閉合的時間，並影響孵蛋箱內所保持的溫度。

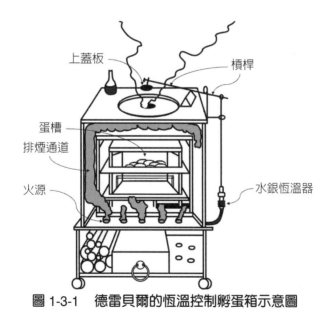

圖 1-3-1　德雷貝爾的恆溫控制孵蛋箱示意圖

　　西元 1681 年，帕潘（Denis Papin，西元 1647 年至 1712 年）發明壓力調節器可控制鍋爐內的蒸氣壓力。帕潘利用槓桿原理連結重錘與氣體閥門，可藉由重錘的重量與位置自動控制調節鍋爐內的蒸氣壓力。當鍋爐內的蒸氣壓力對氣體閥門產生

的推力低於重錘施加於氣體閥門的壓力時，閥門關閉且鍋爐內部的蒸氣壓力不斷提升；當蒸氣壓力對氣體閥門產生足夠推力抵抗重錘施加的壓力時，閥門打開外洩鍋爐內部的蒸氣壓力，直到鍋爐內部的蒸氣壓力低於重錘施加的壓力時再自動關閉閥門。

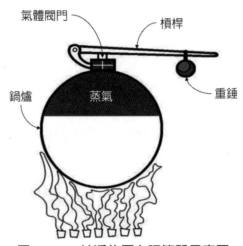

圖 1-3-2　帕潘的壓力調節器示意圖

　　西元 1788 年，瓦特（James Watt，西元 1736 至 1819 年）應用飛球調速器（fly-ball governor）成功地控制蒸氣引擎的轉速。飛球調速器（fly-ball governor）亦稱離心調速器（centrifugal governor），可利用旋轉物體的離心力控制蒸氣供給閥門的大小，並藉此控制蒸氣引擎的轉速。飛球調速器的結構主要是由兩個重量球體與可調整高度的中心機械軸組成，其中，重量球體與中心機械軸藉由槓桿機械結構相連結。當重量球體上升時，中心機械軸下降並擠壓蒸氣供給閥門（氣閥），使減少流入蒸氣引擎的蒸氣量；當重量球體下降時，中心機械軸向上拉起並打開蒸氣供給閥門，使流入蒸氣引擎的蒸氣量增加。因此，當蒸氣引擎操作在平衡的狀態時，重量球體與中心機械軸間會維持固定的角度，固定的蒸氣量流入蒸氣引擎可維持固定引擎轉速；當蒸氣引擎負荷增加，現有的蒸氣量無法供給引擎使維持固定轉速，引擎轉速因此下降。此時，連結引擎轉軸的飛球調速器中心軸，因為轉速下降

使得重量球體的離心力降低，導致重量球體下降並拉起中心機械軸以打開蒸氣供給閥門，加速蒸氣引擎轉速。反之，當蒸氣引擎負荷降低，現有的蒸氣量過度供給引擎使轉速提升，飛球調速器中心軸因為轉速上升而使得重量球體的離心力增加，並導致重量球體上升，此時調速器中心機械軸透過槓桿機械結構擠壓蒸氣供給閥門減少蒸氣供給，減速蒸氣引擎。飛球調速器的動作概念最早應用於 17 世紀風車的磨盤壓力控制，因此瓦特並未宣稱飛球調速器為自己所發明，但由於瓦特蒸氣引擎的成功對工業革命帶來的重大影響，導致世人誤解飛球調速器為瓦特所發明。

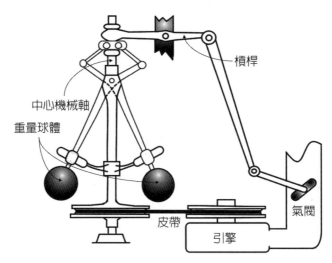

圖 1-3-3　飛球調速器控制蒸氣引擎轉速示意圖

　　由前文敘述可知，早期自動控制系統的發展主要是利用自然動力配合連動機械結構達成自動控制的目標，但是對於控制結果的正確性卻有待商確。例如：瓦特應用飛球調速器雖然可以成功地控制蒸氣引擎的轉速，但是卻與理想轉速目標有落差，引擎的實際轉速會在目標轉速值附近來回擺動，甚至失速造成危險。因此，有科學家漸漸地開始以系統化的數學方式研究自動控制系統。馬克士威爾（James Clerk Maxwell，西元 1831 年至 1879 年）於西元 1868 年在英國皇家學會發表研究論文〈On Governors〉，以微分方程式描述飛球調速器的運動動態，並依此進行動作平衡點的線性化與穩定性分析。最後結論是某些方程式（即為近代控制系統所描

述的特徵方程式）的根如果具有負實部則可穩定系統，該篇論文被世界公認是控制理論的最早論述。

270 Mr. J. C. Maxwell *on Governors.* [Mar. 5,

March 5, 1868.

JOHN PETER GASSIOT, Esq., V.P., in the Chair.

In accordance with the Statutes, the names of the Candidates for election into the Society were read as follows :—

Alexander Armstrong, M.D.
John Baily, Esq., Q.C.
John Ball, Esq., M.A.
Henry Charlton Bastian, M.D.
Samuel Brown, Esq.
Lieut.-Colonel John Cameron, R.E.
Charles Chambers, Esq.
Frederic Le Gros Clark, Esq.
Robert Bellamy Clifton, Esq., M.A.
George Critchett, Esq.
Morgan William Crofton, Esq., B.A.
Herbert Davies, M.D.
Joseph Barnard Davis, M.D.
Henry Dircks, Esq.
P. Martin Duncan, M.D.
George Matthey, Esq.
St. George Mivart, Esq.
Edward Chambers Nicholson, Esq.
Thomas Nunneley, Esq.
Rear-Admiral Erasmus Ommaney, C.B.
Captain Sherard Osborn, R.N., C.B.
Rev. Stephen Parkinson, B.D.
James Bell Pettigrew, M.D.
Charles Bland Radcliffe, M.D.
John Russell Reynolds, M.D.
Vice-Admiral Robert Spencer Robinson.
Edward Henry Sieveking, M.D.
Edward James Stone, Esq., M.A.
William Esson, Esq., M.A.
Alexander Fleming, M.D.
George Carey Foster, Esq., B.A.
Peter Le Neve Foster, Esq., M.A.
Sir Charles Fox.
Edward Headlam Greenhow, M.D.
Peter Griess, Esq.
Augustus George Vernon Harcourt, Esq.
Edmund Thomas Higgins, Esq.
William Charles Hood, M.D.
George Johnson, M.D.
Rear-Admiral Astley Cooper Key, C.B.
David Macloughlin, M.D.
Colonel Henry Edward Landor Thuillier, R.A.
Rev. Henry Baker Tristram, M.A.
Edward Burnet Tylor, Esq.
William Sandys Wright Vaux, Esq., M.A.
Augustus Voelcker, Esq., Ph.D.
Edward Walker, Esq., M.A.
George Charles Wallich, M.D.
J. Alfred Wanklyn, Esq.
Edward John Waring, M.D.
Henry Wilde, Esq.
Samuel Wilks, M.D.
Henry Worms, Esq.

The following communications were read :—

I. " On Governors." By J. CLERK MAXWELL, M.A., F.R.SS.L. & E. Received Feb. 20, 1868.

A Governor is a part of a machine by means of which the velocity of the machine is kept nearly uniform, notwithstanding variations in the driving-power or the resistance.

圖 1-3-4 馬克士威爾的研究論文〈On Governors〉首頁

爾後，隨著世界國際局勢的發展以及電機電子技術的發明，第一次與第二次世界大戰的發生也同時帶動自動控制系統在理論和實現方面的演進。高複雜度和高準確性的武器裝備使得自動控制系統需要應用不同的數學方法進行分析與推論，控制理論與控制技術也因此有不同的發展與應用。此外，計算機的快速發展更使得工程人員可以更快速並穩定的方式進行複雜計算，以實現更加複雜但卻更加精確的自動控制系統。

參考資料

1. S. Bennett (1996): A Brief History of Automatic Control, IEEE Control Systems Magazine.
2. S. Bennett (2002): Otto Mayr: Contributions to the History of Feedback Control, IEEE Control Systems, Vol. 22, Iss. 2.
3. C.C. Bissell (2009): A History of Automatic Control, in Springer Handbook of Automation (Editor: S.

Nof), Springer.

4. G.F. Franklin, J. Da Powell, A. Emami-Naeini (2014): Feedback Control of Dynamic Systems (7th Edition), Pearson.

5. J.C. Maxwell (1868): On Governors, Proceedings of the Royal Society of London, The Royal Society Publishing.

6. Wikipedia: https://en.wikipedia.org/wiki/Automatic_control.

7. Wikipedia: https://en.wikipedia.org/wiki/Cornelis_Drebbel.

8. Wikipedia: https://en.wikipedia.org/wiki/Denis_Papin.

9. Wikipedia: https://en.wikipedia.org/wiki/James_Watt.

10. 自動控制原理（吉林大學）：http://dec3.jlu.edu.cn/webcourse/t000132/chapter/bjjx.html。

1.4 ｜ 開迴路控制與閉迴路控制

　　根據所描述的控制系統架構，控制方法的設計必須使得系統的結果（輸出）達到預先設定的目標（輸入）。依此目的，自動控制系統的控制方法主要可分為兩大類：開迴路控制與閉迴路控制。開迴路控制是指在不知道系統實際運作結果的情況下，設計適當的控制方法使得系統的實際運作結果達到預先設定的目標。克特西比烏斯的水鐘就是使用開迴路控制，其控制方法是設計漏斗將水以固定流量滴入容器內，並使得浮筒以固定的速率上升，因此由浮筒高度可以正確地指示時間；還有希羅的蒸氣動力汽轉球也使用開迴路控制，利用鍋爐產生水蒸氣並使之流入可旋轉的球形容器內，因此水蒸氣可產生推力使得球形容器旋轉；而神廟的自動門亦是開迴路控制，利用氣體熱脹冷縮的原理改變水流方向，並依此調整盛接容器內水的重量，因此盛接容器重量可作動門扉開啟或閉合。

　　儘管開迴路控制可使系統達到自動控制的目標，但是當系統受到環境因素的影響，使得該系統實際的作動結果改變且不如預期時，開迴路控制方法往往無法使系統達到理想的目標結果。例如：水鐘操作過程中，漏斗出水口可能因為水中雜質而堵塞或影響水滴入容器的流量，此時容器內浮筒無法以穩定的速率上升，因此浮筒

高度也就無法正確地指示時間；汽轉球則可能因為鍋爐燃燒不完全，使得流入汽轉球內的蒸氣流量不均勻，因此導致汽轉球無法以固定的速度轉動；自動門亦可能因為環境溫度影響氣體熱脹冷縮的比例，因此改變水流入盛接容器的重量，使得自動門無法正常開啟或閉合。因此，開迴路控制方法應用時必須小心地留意環境因素可能造成的影響；或是工程師必須刻意地建立良好的操作環境，使得系統在操作時可不受環境因素的影響並達到預期的目標結果。然而，實際的應用場合難有良好的操作環境，因此使用開迴路控制方法的自動控制系統實際運作結果往往不如預期。

　　閉迴路控制是指在已知系統實際運作結果的情況下，設計適當的控制方法以使得系統的實際運作結果達到預先設定的目標；與開迴路控制方法相比較，閉迴路控制方法由於可以隨時得知系統實際的運作結果，並且控制方法的設計可以將系統的實際結果作為參考比較的依據，因此閉迴路控制方法可以提供較為正確的系統實際運作結果。菲隆的油燈是使用閉迴路控制，其控制方法設計可藉由燈油油面與空氣流通管道口是否接觸，隨時得知油槽內燈油高度，並依此實際結果確認是否將補充油槽的燈油注入油燈內。希羅的自動販賣機也是使用閉迴路控制，其控制方法設計可藉由投入販賣機內的錢幣重量，隨時得知販賣機內平板鍋的傾斜狀態，並可因此得知出水閥門的開啟程度與聖水流量；當累積的錢幣滑落平板鍋時，表示販賣機的聖水流出量已達到設定目標，販賣機可自動關閉出水。早期釀酒槽內的液位高度控制系統也是使用閉迴路控制，其控制方法可藉由浮動閥門的浮球高度隨時得知釀酒槽內液位高度，並依此實際液位高度自動地改變浮動閥門的閥門開啟程度，以維持釀酒槽的液面高度在設定目標。還有德雷貝爾的孵蛋箱，水銀恆溫器可藉由酒精的膨脹程度得知孵蛋箱內的實際溫度，並依此膨脹程度自動地調整孵蛋箱上蓋板的開啟狀態，以保持孵蛋箱內溫度。帕潘的壓力調節器連結重錘與氣體閥門的槓桿機械結構，可藉由重錘重量與閥門高度得知鍋爐內的蒸氣壓力，並依閥門高度適當地外洩蒸氣以保持鍋爐內蒸氣壓力達到預先設定的壓力目標。瓦特的蒸氣機其控制方法設計可藉由飛球調速器隨時得知蒸氣引擎的運轉速度，並適當地調節流入蒸氣引擎的蒸氣量，可因此控制蒸氣引擎轉速達到預先設定的速度。由於閉迴路控制方法可依系統實際運作的結果，自動地調整或改變系統的操作狀態，以使得系統運作的結果合於預先設定的工作目標，因此，與開迴路控制系統相比較，閉迴路控制系統的

運作結果較不會受到環境因素的影響。例如：菲隆的油燈，當燈油因環境乾燥而部分蒸發並使得油面因此下降時，補充油槽的燈油開始注入油燈內以維持油面高度；瓦特的蒸氣機由於使用閉迴路控制，當蒸氣引擎負荷增加並因此使得引擎轉速下降時，飛球調速器會打開蒸氣供給閥門以維持蒸氣引擎轉速。

　　由此可知，開迴路控制與閉迴路控制的差異在於是否可以得知系統實際運作的結果，並將該實際結果應用於控制方法的設計。如果控制方法設計應用系統實際的運作結果作為參考比較的依據，則該控制方法稱為閉迴路控制，並且依此建立的控制系統架構稱為閉迴路控制系統；相對地，如果控制方法設計沒有參考比較系統實際的運作結果，則稱為開迴路控制，並且該控制系統架構稱為開迴路控制系統。圖1-4-1 分別顯示應用開迴路控制與閉迴路控制所建立的開迴路控制系統與閉迴路控制系統架構圖。

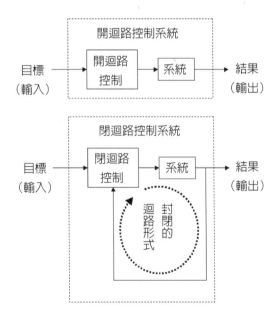

圖 1-4-1　開迴路控制與閉迴路控制系統架構圖

參考資料

1. C.C. Bissell (2009): A History of Automatic Control, in Springer Handbook of Automation (Editor: S. Nof), Springer.

2. R.C. Dorf, R.H. Bishop (2010): Modern Control Systems (12th Edition), Pearson.

3. G.F. Franklin, J. Da Powell, A. Emami-Naeini (2014): Feedback Control of Dynamic Systems (7th Edition), Pearson.

4. F. Golnaraghi, B.C. Kuo (2009): Automatic Control Systems (9th Edition), Wiley.

5. Wikipedia: https://en.wikipedia.org/wiki/Ctesibius.

6. Wikipedia: https://en.wikipedia.org/wiki/Cornelis_Drebbel.

7. Wikipedia: https://en.wikipedia.org/wiki/Denis_Papin.

8. Wikipedia: https://en.wikipedia.org/wiki/Hero_of_Alexandria.

9. Wikipedia: https://en.wikipedia.org/wiki/James_Watt.

10. Wikipedia: https://en.wikipedia.org/wiki/Philo_of_Byzantium.

1.5 ｜ 自動控制系統的種類

　　自動控制系統依其應用方式可分為：程序控制（process control）、順序控制（sequential control）、伺服控制（servo control）。本書所敘述之「程序」（process）是指工業界所應用之「工業程序」，是一種改變原物料的方法或途徑，並藉由攪拌、混合、加熱、冷卻等製造過程使之成為最終產品，因此也稱為「製造程序」。程序控制則是一種針對工業程序所設計的控制方法，其作法通常是藉由工業程序運作過程的監督與影響運作過程的參數調整，使得工業程序可確保其輸出結果。換言之，若以前述之控制系統架構圖描述，系統可以工業程序表示，控制則以程序控制表示，此時所建構的自動控制系統即為程序控制系統。常見影響工業程序運作過程的程序參數為：溫度與溼度、溫度、壓力、流量與液位高度、酸鹼值、濃度、黏度、導電度等。亦因此，以前述程序參數為目標且影響工業程序結果的控制

方法常被歸類為程序控制，例如：克特西比烏斯的水鐘、菲隆的油燈、德雷貝爾的孵蛋箱等，皆是程序控制系統。近代的程序控制常見於化學工業方面的應用，例如：酸鹼中和過程的酸鹼值（pH 值）控制。酸鹼中和系統主要由酸槽、鹼槽、可偵測酸鹼值的攪拌槽、酸鹼槽閥門控制器所構成，並且該自動控制系統採用閉迴路控制方法。參考前述之閉迴路控制系統架構圖可知，系統係指酸鹼中和系統，系統的結果係指攪拌槽內液體的酸鹼值，閉迴路控制方式則參考攪拌槽內液體的實際酸鹼值，並且以該值調整酸鹼槽閥門的開關狀態，使攪拌槽內流入適量的酸鹼性液體，以達成預設的酸鹼值目標。攪拌槽可隨時偵測槽內液體的酸鹼度，當液體酸鹼值過高時，表示槽內液體呈鹼性，因此須打開酸槽閥門使酸性液體流入槽內；反之，當液體酸鹼值過低，則須打開鹼槽閥門使鹼性液體得以中和槽內液體。

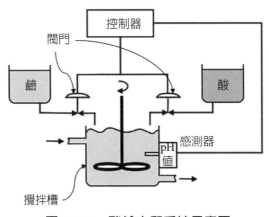

圖 1-5-1　酸鹼中和系統示意圖

　　順序控制是針對系統以預先規劃的步驟執行控制，使達成最終的系統輸出結果。若以前述之控制系統架構圖描述，控制可以順序控制表示預先規劃的執行步驟，並且此時所建構的自動控制系統即為順序控制系統。由於順序控制內通常會預先規劃多項的執行步驟，因此常以步驟執行的時間或步驟完成的發生點，作為規劃步驟連續執行的方式。舉例說明：全自動洗衣機即是標準的順序控制系統，通常會具有下列洗衣步驟：1. 將水注入洗衣槽內、2. 加入適量的洗衣粉、3. 攪動洗衣槽、4. 洗衣槽排水、5. 洗衣槽脫水。因此，以步驟執行時間作為洗衣機的順序控制方

式是指：將水注入洗衣槽內五分鐘後加入洗衣粉，攪動洗衣槽十分鐘後進行洗衣槽排水，洗衣槽排水三分鐘後進行洗衣槽脫水一分鐘，依序執行上述步驟三次即可完成全自動洗衣機的洗衣過程。上述看似合理且完整的洗衣過程，其實充滿問題，例如：洗衣機如何確定五分鐘可以將適量的水注入洗衣槽內？如果注入水壓不足是否會導致注入洗衣槽內的洗衣水不夠？如何確定三分鐘可以將洗衣水完全排出？如何確定一分鐘可以完成衣服脫水？因此，以步驟執行時間作為順序控制的方式，系統的實際運行結果往往不如預期。延長步驟執行時間雖然可使系統達到預期的結果，但卻頗為耗時與浪費水電資源。此時，可以結合閉迴路控制的概念，使用步驟完成發生點作為洗衣機的順序控制方式。首先，洗衣機將水注入洗衣槽內並隨時偵測液面狀態，當洗衣水液面達到設定高度時，洗衣機添加洗衣粉於洗衣槽內並開始攪動洗衣槽。此時，智慧洗衣機可偵測水中雜質含量以判斷衣服的洗淨程度，並且持續攪動洗衣槽使得水中雜質含量低於設定程度時停止攪動並啟動排水功能。與此同時，洗衣機隨時偵測槽內液面狀態，當洗衣水液面低於設定高度時，洗衣機就啟動脫水功能。洗衣機可偵測槽內濕度以判斷脫水功能是否完成，並進行下一次的洗衣循環。明顯地，以步驟完成發生點作為系統的順序控制方式，通常可使系統的實際結果有效率地達到預期的目標。

　　「伺服控制」（servo control）亦稱「伺服機構控制」（servomechanism），是指具有動力源的機械結構（mechanism）或機電系統（electro-mechanical systems/mechatronics）可施以閉迴路控制方式，使得該機械結構或機電系統的輸出結果以準確度更高的方式達到預先設定的目標。一般而言，伺服控制系統的輸出為機械或機電系統的出力（force/torque）、位置（position）、速度（velocity）等物理量。伺服控制系統通常是由：受控體、致動器、感測器、控制器等部分構成。受控體是指被控制的實體機械結構或機電系統物件；致動器是驅動受控體的單元，主要提供受控體動作時的動力來源；感測器可用以偵測受控體的運作狀態，並可將受控體實際的輸出結果轉換為輸出訊號，提供作為閉迴路控制方式設計時的參考；控制器是實現閉迴路控制的實體單元，可產生致動器的輸入訊號，以影響受控體的動作結果。若以前述之閉迴路控制系統架構圖描述伺服控制系統，可表示如圖 1-5-2，其中，閉迴路控制可由控制器與感測器構成，系統則可由致動器與受控體構成。閉迴

路控制藉由感測器得知系統實際的運作結果，並以該實際結果與輸入目標設計適當的控制方法且具體實現於控制器，透過致動器影響改變受控體的實際運作狀態，使致動器與受控體所建立的系統動作結果可達到預先設定的目標。由於伺服控制可達到更高準確度的系統實際運作結果，因此常見於高精密度與高準確度的機械結構或機電系統自動控制應用場合。

　　伺服馬達爲工業界普遍使用的伺服控制系統，如圖 1-5-3 所示，伺服馬達主要可改爲傳動零件由：驅動器、光學編碼器、馬達本體、旋轉出力軸所構成。光學編碼器直接連結在馬達本體的後端，以光學原理感測伺服馬達之旋轉出力軸運動時的位置與速度狀態。馬達本體接受驅動器所提供的動力來源，以電磁作動原理使得旋轉出力軸執行旋轉運動。旋轉出力軸爲伺服馬達連結外部機械結構的傳動零件，可產生旋轉位置與旋轉速度的輸出結果，使得外部連結機械以不同的位置與速度方式運行。驅動器爲伺服馬達的控制核心，其作用是接受使用者所輸入的位置與速度運動命令，並藉由連接光學編碼器的感測線得知馬達本體作動時旋轉出力軸的位置與速度狀態，然後以閉迴路控制方式經由動力線提供並改變馬達本體執行旋轉出力軸旋轉運動時的所需動力。因此，與圖 1-5-2 伺服控制系統架構圖相比較，驅動器具有伺服控制系統之控制器與致動器兩項功能，光學編碼器具有伺服控制系統之感測器功能，馬達本體及旋轉出力軸則統合表示爲伺服控制系統之受控體。此外，在構成實體方面，由於伺服馬達主要有驅動器及馬達兩個主要實體單元，工業界也常以驅動器側與馬達側形容伺服馬達的實體外型構造。如前所述，由於伺服馬達可以達到更準確的實際位置與速度運作結果，因此常見於高精密自動化設備的控制應用。

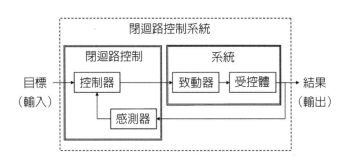

圖 1-5-2　伺服控制系統架構圖

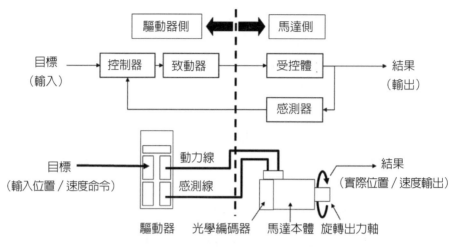

圖 1-5-3　伺服馬達系統示意圖

參考資料

1. R.C. Dorf, R.H. Bishop (2010): Modern Control Systems (12th Edition), Pearson.

2. G.F. Franklin, J. Da Powell, A. Emami-Naeini (2014): Feedback Control of Dynamic Systems (7th Edition), Pearson.

3. F. Golnaraghi, B.C. Kuo (2009): Automatic Control Systems (9th Edition), Wiley.

4. 王振興、江昭皚、陳世昌、黃漢邦（2001）：自動控制系統（第八版），東華書局股份有限公司。

5. 陳天青、廖信德、戴任詔（2000）：電動機控制，高立圖書有限公司。

6. Process Control Fundamentals: http://www.pacontrol.com/process-control-fundamentals.html.

7. Wikipedia: https://en.wikipedia.org/wiki/Cornelis_Drebbel.

8. Wikipedia: https://en.wikipedia.org/wiki/Ctesibius.

9. Wikipedia: https://en.wikipedia.org/wiki/Philo_of_Byzantium.

10. Wikipedia: https://en.wikipedia.org/wiki/Servo.

11. Wikipedia: https://en.wikipedia.org/wiki/Servomechanism.

1.6 | 自動儲水槽

　　水是維持生命的重要資源，儲水的觀念早在幾千年前就為人類所熟知並加以應用。透過簡單的容器收集降雨，或是使用河道分流積蓄水資源並獲得有效利用，都是人類文明發展初期就已經存在的儲水方式。在近代建築物林立的生活環境裡，由於水庫及水管線路的建立，水資源的使用方式通常是透過水庫集水，再以大小管路將水派送至建築物的儲水槽（或稱水塔），如圖 1-6-1 所示，可以有效地利用水資源並儲存。

圖 1-6-1　裝置於建築物頂樓的儲水槽

　　建築物通常都是將儲水槽設立在樓頂，藉由重力的幫助讓水往下流動，使用水資源時便不需要加壓設備就可以讓水流出；然而，當水資源從水庫流到不同地方時，必須藉由抽水馬達將水資源由地下管線加壓運送至建築物頂端的儲水槽，藉此達到儲水的效果。如圖 1-6-2 所示，因此自動儲水槽的設計目的是為了控制抽水馬達，當儲水槽內沒水時啟動馬達注水，而當儲水槽內已儲滿水時停止馬達。自動儲

水槽的主要部分有：儲水槽、抽水馬達、感測器、控制器等。儲水槽主要用來儲存水資源，通常藉由水位感測器的安裝，將儲水槽分為低水位、正常水位、滿水位三種儲水階段。抽水馬達可以加壓地下管線的水資源，將水由地下管線送至建築物樓頂的儲水槽內。感測器可以偵測儲水槽內的水位變化，儲水槽通常有低水位感測器（裝置在儲水槽下方）及滿水位感測器（裝置在儲水槽上方），可以分別偵測儲水槽達到低水位或滿水位的儲水狀態。控制器主要是依據感測器偵測儲水槽水位的結果，藉由電機裝置控制抽水馬達的啟動或停止，以達到儲水槽內的水位控制。

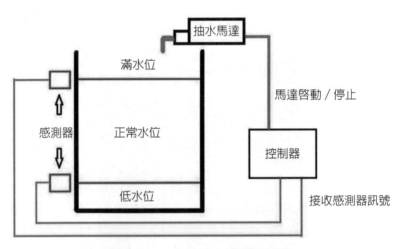

圖 1-6-2　自動儲水槽控制系統

　　如圖 1-6-2 所示，自動儲水槽控制系統可以簡單地分成三個主要部分：滿水位控制、正常水位控制、低水位控制。滿水位控制的應用場合是當儲水槽已滿的時候，必須立即停止抽水馬達送水；正常水位控制的應用場合則是當儲水槽未滿，但仍可繼續使用且不需再補充水量的時候，由於抽水馬達不必因為消耗少數水量就反覆重新啟動，自動儲水槽可因此節省使用電力並降低抽水馬達所產生的環境噪音；低水位控制的應用場合是當儲水槽內水量嚴重不足時，抽水馬達必須立刻啟動供水進入儲水槽內，進行儲水的動作。由此可知，自動儲水槽控制系統至少要有兩個水位感測器以偵測儲水槽內的水位變化：一個水位感測器安裝在滿水位與正常水位的

分界處，另一個水位感測器則安裝在正常水位與低水位的分界處。假設水位感測器偵測到水位時開啓（ON）且沒偵測到水位時關閉（OFF），若自動儲水槽由空槽開啓抽水馬達儲水，此時，儲水槽內水位開始上升，水位感測器即刻開始運作。水位感測器與抽水馬達之間有三種操作狀態：

1. 兩個水位感測器均爲開啓：此狀態表示儲水槽是處於滿水位的情況，亦即抽水馬達並不需要啓動來額外增加水的存量。

2. 兩個水位感測器均爲關閉：此狀態表示儲水槽是處於低水位的情況，亦即儲水槽的水儲存量嚴重不足，抽水馬達必須立刻啓動，以補充不足的水量。

3. 滿水位感測器爲關閉且低水位感測器爲開啓：此狀態表示儲水槽是處於正常水位的情況，亦即儲水槽內水量雖未全滿，但尚不需要立刻補充，可以等待水量降至更低時，啓動抽水馬達補充水量。

換言之，自動儲水槽控制系統，只有當儲水槽位於低水位時，抽水馬達才會啓動。即使是以人爲方式啓動抽水馬達，儲水槽補充水量到達滿水位時，抽水馬達也會自動關閉。自動儲水槽於全自動操作時，抽水馬達只會在低水位時啓動且滿水位時關閉。自動儲水槽的全自動操作循環過程：儲水槽位於低水位時，抽水馬達啓動且儲水槽開始注水，直到滿水位感測器開啓時停止；經過水量消耗後，儲水槽由滿水位下降至正常水位，但是抽水馬達此時仍不作動；當水量持續消耗，直到低水位感測器關閉時，抽水馬達才會重新開始運作。自動儲水槽因此反覆循環地自動進行儲水操作。

當自動儲水槽需要更精確地控制水位變化時，則必須使用更好的感測器以及控制方法，如圖 1-6-3 所示。自動儲水槽控制系統使用懸臂浮筒機構以及角度感測器，使得控制器可以更加精確地得知儲水槽內水位的變化。在此，懸臂浮筒機構連結角度感測器，因此控制系統可以感測懸臂浮筒機構的旋轉角度。當懸臂浮筒機構因爲儲水槽水位變化而上下擺動時，角度感測器會發送懸臂浮筒機構的擺動角度訊號到控制器，控制器在接收角度感測器訊號後，將依據該感測訊號控制抽水馬達的啓動或停止。例如：當自動儲水槽用水量突然增加時，懸臂浮筒機構因爲水位突然下降，角度感測器的角度訊號突然大幅度變化，控制器即刻由感測角度訊號的變化

情況，判斷儲水槽內水位降低的狀態，並快速啓動抽水馬達進行補充水量，以免水量消耗過快而導致供給不足。

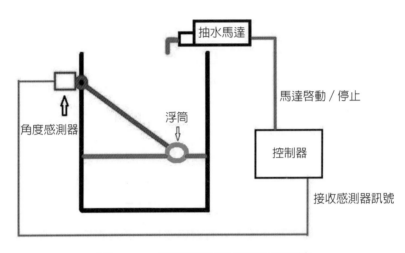

圖 1-6-3　精確自動儲水槽控制系統

　　自動抽水馬桶的水箱也是一種自動儲水槽，與前述自動儲水槽相比較，抽水馬桶水箱並無安裝抽水馬達，而是藉由力學應用（重力及浮力）以及機械結構（槓桿機構）作動方式，控制水箱水位的變化，如圖 1-6-4 所示，抽水馬桶的水箱儲水控制系統主要是由注水管、堵水塊、懸臂浮筒所組成。其中，懸臂浮筒連結堵水塊，並且以槓桿機構安裝在注水管上方。當水箱水位降低時，懸臂浮筒因爲向下擺動而使得堵水塊遠離注水管的出水口，水箱內部因此開始注水以儲水；當水箱水位開始升高時，由於懸臂浮筒也開始向上擺動，堵水塊開始漸漸地堵住注水管的出水口，水箱內部因此漸漸地停止注水。抽水馬桶的水箱儲水控制系統是機械式自動控制系統，它不需要額外的電動力以及控制器，而是應用重力、槓桿、浮力等機械力學的概念，完成簡易的水箱水位控制。

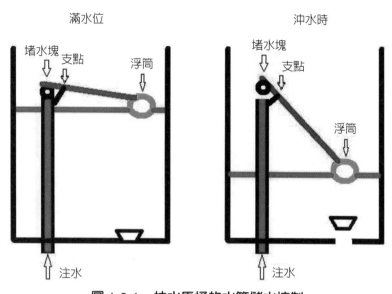

滿水位

沖水時

堵水塊

支點

浮筒

堵水塊

支點

浮筒

注水

注水

圖 1-6-4　　抽水馬桶的水箱儲水控制

參考資料

1. 浩司（1995）：電子電路控制，建興文化事業有限公司。

2. 陳瑞和（2008）：感測器，全華科技圖書股份有限公司。

3. 陳雙源、古碧源、黃榮堂、龍仁光（1999）：機電整合導論，東華書局股份有限公司。

1.7 ｜ 全自動洗衣機

　　清洗衣物在過去是相當煩人的工作，不但必須用手在洗衣板上搓揉衣物，且須在適當時機加入清水及清潔劑以沖刷髒污並潔淨衣物，洗衣品質與洗衣者所付出的勞力以及清水與清潔劑添加量息息相關。因此，以自動操作方式添加清水與清潔劑，並進行衣物搓揉、沖水、脫水等洗衣程序的全自動洗衣機，如圖 1-7-1 所示，

不但可以大幅改善傳統的洗衣方式，並且可以維持適當的洗衣品質，是兼顧效率與環保的洗衣機器。

圖 1-7-1　全自動洗衣機

　　全自動洗衣機通常是以微電腦控制器搭配使用感測器，控制電動馬達的運行時間，並且在適當時機開啓或關閉電磁閥門控制進水或排水功能，以順序循環的方式進行進水、洗衣、排水、脫水等洗衣程序。由此可知，全自動洗衣機的控制程序主要是由微電腦控制器藉由感測器判斷洗衣機械的目前狀態，並由此感測狀態啓動電動馬達或電磁閥門執行接續的機械操作，洗衣機械也同時透過感測器回報洗衣進度及狀況給微電腦控制器，因而形成可以自動執行洗衣工作的電動機器。全自動洗衣機如圖 1-7-2 所示，主要部分有：微電腦控制器、電動馬達、電磁閥及感測器、洗衣筒及洗衣槽。微電腦控制器是全自動洗衣機的主要控制核心，可以接收感測器回傳的各項機械狀態，並依此回傳狀態執行預先規劃完成的控制程式，進行電動馬達及電磁閥門的洗衣控制。電動馬達的主要功能是帶動洗衣筒轉動，當洗衣槽內充滿水時，電動馬達帶動洗衣筒可以進行洗衣操作；當洗衣槽排水完成後，電動馬達帶動洗衣筒以離心力進行衣物脫水操作。電磁閥可以控制洗衣槽的進水及排水過程，感測器則可以偵測洗衣槽內的高水位及低水位狀態。洗衣筒承載待洗衣物並且安裝

於洗衣槽內，可由電動馬達帶動轉動。

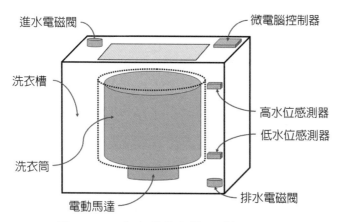

進水電磁閥　　　　　　　　　　微電腦控制器

洗衣槽

高水位感測器

低水位感測器

洗衣筒

電動馬達　　　　　　排水電磁閥

圖 1-7-2　　全自動洗衣機硬體架構示意圖

　　全自動洗衣機操作前，使用者須掀開洗衣槽上方蓋板，然後將待洗衣物及清潔劑放入洗衣筒內，按下啓動鈕，微電腦控制器便開始操控洗衣機自動地進行衣物搓揉、沖水、脫水等洗衣程序，直到完成待洗衣物的預設清潔工作，如圖 1-7-3 所示。當按下啓動鈕後，進水電磁閥啓動並且根據高水位感測器測定水位，若水位未達到洗衣標準，進水電磁閥則持續開啓，注水入洗衣槽內。洗衣機進水操作完成後，進水電磁閥關閉並且電動馬達帶動洗衣筒，開始以正轉及反轉方式交錯旋轉，可達到清潔劑攪拌及衣物搓揉的洗衣效果。當電動馬達帶動洗衣筒達到預先設定的旋轉次數後，啓動排水電磁閥將洗衣污水排出，此時微電腦控制器可根據低水位感測器，測定污水是否排放完成，才開始進行衣物沖水程序。進行沖水程序時，進水電磁閥再次啓動並且注水入洗衣槽內，待完成進水操作後，微電腦控制器啓動電動馬達帶動洗衣筒仍以正反轉交錯方式旋轉，達到衣物沖水目的。同樣地，當洗衣筒達到預先設定的旋轉次數後，排水電磁閥啓動以排出污水，並且準備開始進行衣物脫水程序。進行衣物脫水程序時，微電腦控制器以預先設定的持續時間控制電動馬達，帶動洗衣筒以高速且固定旋轉方向持續轉動，利用離心力將滲透在衣物內的水甩乾，完成脫水程序。

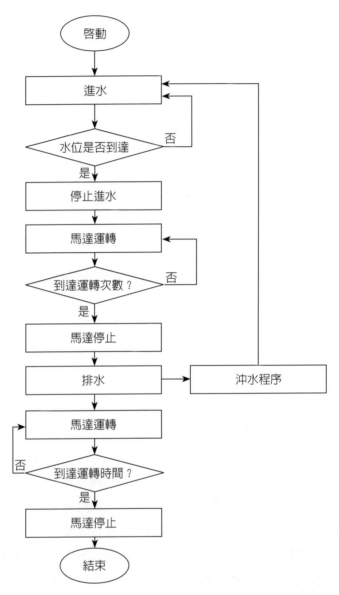

圖 1-7-3　全自動洗衣機運作程序

參考資料

1. 大濱庄司（2007）：圖解順序控制讀本實用篇，建興文化事業有限公司。
2. 張碩、詹森（2013）：自動控制系統，鼎茂圖書出版股份有限公司。
3. 盧明智（1997）：感測器應用與線路分析，全華科技圖書股份有限公司。

1.8 │ 溫控器（電鍋與烤麵包機）

　　溫度控制器（簡稱溫控器）可以藉由控制熱源的開（ON）或關（OFF），使得器具的使用溫度保持在設定的操作溫度範圍內。在過去，烹調時會使用添加柴火的方式控制食物溫度的改變，並且藉由烹煮過程食材的變化觀察決定是否移除柴火以控制溫度，但往往因為不同的主觀判斷而導致不同的烹調結果。因此，在烤箱、烤麵包機、電鍋等現代化家用烹調器具裡，如圖 1-8-1 所示，皆使用溫控器以提供良好的食物品質並減少能源浪費。

圖 1-8-1　電鍋溫度控制器

溫度控制方法主要分成機械式與電子式兩種:電子式的溫度控制方式結合溫度感測器及控制器,可以達到較精確的溫度控制效果,但是價格昂貴,因此常見於需要精密溫度控制的設備產品;相對地,機械式的溫度控制方式,主要是以材料熱漲冷縮的機械特性,配合連動機械結構進行溫度控制,雖然無法達到精確的溫度控制效果,但由於價格便宜,因此常見於日常生活使用的家庭器具。本文主要介紹機械式的溫度控制方法,亦即機械式溫度控制器的使用方式。機械式溫度控制器可以分成壓力式及突跳式兩種類型:壓力式可以進行多段不同溫度的控制效果,突跳式則只有開或關兩種溫度控制的操作方式。

壓力式溫度控制器的使用方式,如圖 1-8-2 所示的烤爐溫度控制系統,主要的部分有燃料控制閥門以及液體溫控器。燃料控制閥門可以改變烤爐加熱過程的燃料量,並藉此影響烤爐內的溫度變化;液體溫控器主要是應用液體熱膨脹的物理特性,改變溫控器的機械輸出狀態,並依此輸出狀態可以進行溫度控制。由於液體的不可壓縮性,溫控器將液體裝置在類似密閉活塞的機械結構內,當溫控器所處外部環境對內部液體進行熱量傳遞時,液體的總體積改變並因此導致活塞位置的變化;然而,由於該位置變化過程很微小,必須再經由外部槓桿機械結構放大位移行程。如圖 1-8-2 所示,藉由上述壓力式溫度控制器調節烤爐的添加燃料量,可以達到烤爐內部溫度控制的效果。烤爐的溫度控制流程,通常會先設定適當的燃料閥門開度,以固定的燃料量使得烤爐內部先有適當的初始溫度;然而,在烤爐的使用過程,當烤爐內部溫度過高或過低的時候,壓力式溫度控制器開始作動,使得槓桿機構開始移動並因此改變燃料閥門開度,以達到烤爐內部的溫度控制目的。由圖 1-8-2 所示的溫度控制過程可知,透過簡單的材料物理特性以及機械結構運動,就可以設計溫度控制裝置以維持受控制系統的溫度變化,並且可以減少人員的操作錯誤。類似的溫度控制設計亦應用於火力發電機的溫度控制,藉由機械作動方式改變燃油控制閥門的開度以調節溫度的變化。現代的火力發電機則改用電子式溫度控制器,可以進行更精密的燃油控制,保持穩定的電力輸出,並減少能源的損失。

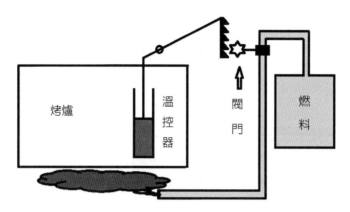

圖 1-8-2 壓力式溫控器使用架構圖

　　突跳式溫度控制器的使用方式，如圖 1-8-3 架構示意圖所示，主要的部分有加熱器以及突跳式溫控器。加熱器為主要的加熱源，可以升溫欲加熱的物品；突跳式溫控器是利用固體金屬材質的熱變形物理特性，改變外部機械結構以進行溫度控制。常見的突跳式溫控器是由兩種不同熱膨脹係數的金屬片結合而成的金屬板，當溫度上升到預定溫度時，由於兩種金屬的熱膨脹係數不同，導致金屬板兩側金屬片的變形量差異，進而使伸長量較長的金屬片往伸長量較短的金屬片方向彎曲，並藉此彎曲現象控制加熱器開關。突跳式溫度控制器常見的使用例子有機械式烤麵包機及電鍋，藉由該溫度控制裝置，可以控制機械的加熱時間及溫度變化。傳統機械式烤麵包機即是利用突跳式溫度控制器控制麵包的烘烤時間，當按下烤麵包機的啟動鍵時，烤麵包機裡的機械結構會扣住啟動鍵，並且將麵包帶入由電熱線構成的小烤箱內，啟動電熱線的加熱開關，如圖 1-8-3 所示，當烤箱溫度到達金屬片彎曲的溫度時，金屬片彎曲並觸動機械結構放開啟動鍵，此時經過烘烤的麵包會藉由機械結構的彈力跳出小烤箱，並且關閉電熱線的加熱電源。

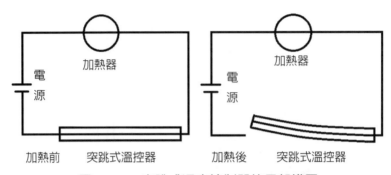

圖 1-8-3　突跳式溫度控制器使用架構圖

　　傳統機械式電鍋也是突跳式溫度控制器的基本應用。然而，機械式電鍋的溫度控制過程，使用金屬片加熱的變形反應，亦參考電鍋內的水量變化。電鍋使用時，通常會在鍋內先加入適當的水量，添加水量的多寡會影響鍋內產生的水蒸汽量，也會影響鍋內的溫度上升時間；換言之，當電鍋內還有水分，鍋內溫度只會在攝氏100 度附近變化，直到鍋內水分完全加熱氣化後，鍋內溫度才會繼續上升。當鍋內溫度上升到金屬片彎曲的溫度，電鍋的機械結構就會彈開加熱源以結束加熱過程。圖 1-8-4 顯示傳統機械式電鍋的溫度控制架構，當按下開關後，電鍋內的機械結構會接通加熱電源，使得裝有電熱線的加熱區開始加熱；當內鍋溫度到達金屬片彎曲的溫度，金屬片彎曲作動機械結構以切斷加熱電源，並且將開關推回原處，完成機械式電鍋的加熱過程。

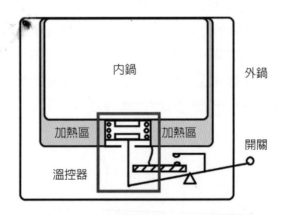

圖 1-8-4　電鍋溫度控制系統架構圖

參考資料

1. 花形康正（2008）：生活用品中的科學，世茂出版有限公司。

2. 浩司（1995）：電子電路控制，建興文化事業有限公司。

3. 陳雙源、古碧源、黃榮堂、龍仁光（1999）：機電整合導論，東華書局股份有限公司。

1.9 | 傳單機器人

　　科技的快速進步，使得原本只會出現在電影中的機械人，漸漸地開始出現在人們的日常生活中，執行危險且勞力密集的工作，以達到更高的工作效率。傳單發放主要是藉由人員站在或行走於特定區域，針對經過的民眾進行遞送傳單的動作，達到產品宣傳或政策宣導的效果，其過程通常單調辛苦且危險。因此，可以自主移動且發送傳單的傳單機器人，如圖 1-9-1 所示，不但可以減輕宣傳人員的工作負擔，並可以達到更長時間的宣傳效果。

圖 1-9-1　自主移動傳單機器人

　　傳單機器人的設計目的是發放傳單，機器人因此要有發送傳單的基本功能，並可以提供自主移動以及人群互動等相關的進階功能。傳單機器人構造主要是參考人類發送傳單過程的基本動作及行為。因此，機器人本體必須要有放置傳單的位置，也需要有機械手臂可以夾取傳單遞出送給民眾，還要有廣播聲音吸引路過民眾前來拿取傳單，及具備可以隨處移動的能力，以方便移動到更遠的地方發送傳單。傳單機器人的主要部分如圖 1-9-2 所示，有：中央控制器、移動平台、傳單紙盤、廣播喇叭、機械手臂、夾爪及感測器。中央控制器主要是由單晶片微處理器以及其他周邊電機電路設計而成，可以接收各式感測器回傳的感測訊號，分析回傳感測訊號並以預先設計的控制程式，進行移動平台以及機械手臂的移動控制。移動平台是由四組馬達驅動車輪所建構的機械平台，其作用相當於傳單發送人員的腳，主要用於承載傳單機器人本體，並由中央控制器發送馬達驅動訊號，控制車輪的轉動速度並藉此移動傳單機器人。傳單紙盤用於儲放待發送的傳單。廣播喇叭可以發出聲響以

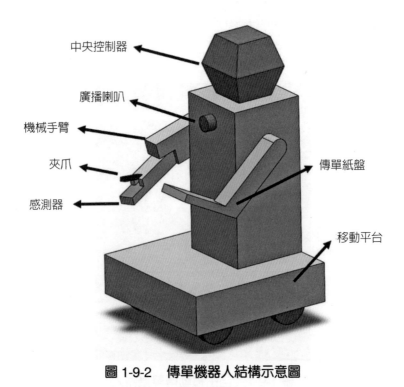

圖 1-9-2　傳單機器人結構示意圖

吸引路過民眾。機械手臂是由馬達以及連桿傳動機械所建構而成，其作用相當於傳單發送人員的手，可以接受中央控制器發送的控制訊號，以預先規劃的移動方式動作，並且手臂末端有夾爪，可以夾取放置於紙盤的傳單。此外，機械手臂裝有感測器，可以偵測手臂是否有夾取傳單，或者夾取傳單是否已被取走。

　　傳單機器人的控制流程如圖 1-9-3 所示，機器人剛開始以機械手臂夾爪抓取傳單並處於等待狀態，當有民眾經過時，會使用廣播喇叭發出聲音，以提示民眾前來拿取傳單，並且藉由移動平台慢速移動接近民眾遞出傳單。此時，中央控制器可以藉由安裝在機械手臂末端的感測器，偵測傳單是否有被拿取，若傳單未被拿取，則傳單機器人繼續以廣播喇叭發出聲音吸引路過民眾。當民眾拿取傳單，安裝於機械手臂的感測器可以偵測傳單已被取走，中央控制器並開始進行下一張傳單的夾取控制過程。機械手臂夾取傳單的過程，主要是中央控制器以預先規劃的移動方式，驅動機械手臂到達放置傳單的紙盤上方，然後將夾爪接觸紙盤上的傳單，移動機械手臂並利用摩擦力將傳單由紙盤拖出夾住，如圖 1-9-4 所示。待機械手臂夾取新的傳單後，將會回歸到遞送傳單的位置定點，準備進行新的發送傳單動作。當紙盤的傳單都發放完畢，機械手臂末端的感測器偵測無傳單存在，中央控制器會停止傳單機器人的操作，並且使用廣播喇叭提醒員工，進行補充傳單紙盤的動作。

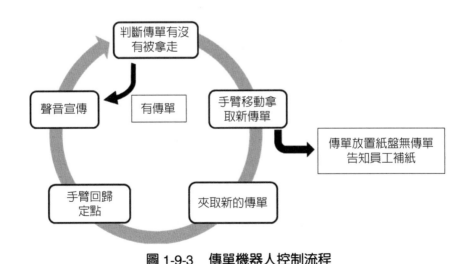

圖 1-9-3　傳單機器人控制流程

圖 1-9-4　夾取傳單的夾爪設計

參考資料

1. 吳嘉祥、陳正光（2015）：機械工程設計，東華書局股份有限公司。

2. 浩司（1995）：電子電路控制，建興文化事業有限公司。

3. 曾百由（2009）：微處理器原理與應用，五南圖書出版公司。

1.10 | 恆溫即熱式電熱水器

　　在過去的農業社會裡，欲供應熱水通常必須建造通風的土灶，並在土灶上放置鐵鍋煮水加熱；熱水主要使用於飲用及洗浴，煮開的熱水也可以作爲器具消毒使用。由於科技的進步，熱水的產生方式已經被熱水器取代；熱水器是一種可以提供熱水的裝置，通常是以瓦斯、電力或太陽能等加熱水源以產生熱水。如圖 1-10-1 所示，以電力方式產生熱水的熱水器稱爲電熱水器，是兼具環保與效能的熱水供應裝置。

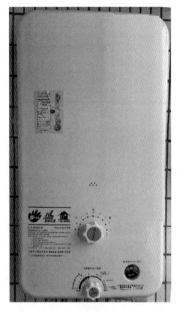

圖 1-10-1　家庭式電熱水器

　　圖 1-10-2 所示為傳統電熱水器的基本構造。其中，儲水箱內裝有待加熱的冷水，電熱棒供電後可以將電能轉換為熱能，加熱儲水箱內的冷水。該傳統式的電熱水器構造雖然非常簡單，但儲水箱內的水溫會因為熱水放出與補進新的冷水，導致水溫下降。這種電熱水器的使用方式，導致最初使用者會使用到過於滾燙的熱水，而後續的使用者卻無溫度較高的熱水可用，並且需要花費時間等待熱水器加熱完畢。因此，傳統電熱水器通常有不方便使用以及較大耗電量的缺點。有鑑於此，恆溫即熱式電熱水器的設計，應用程序控制的原理改良傳統電熱水器的加熱控制方式，在電熱水器裝置流量感測器及溫度感測器，並由控制器接收感測訊號進行判斷及運算，適當地控制加熱器使得使用者可以舒適地使用熱水。如圖 1-10-3 所示，恆溫即熱式電熱水器的主要部分有：流量調整器及流量感測器、溫度感測器、控制器及顯示器、加熱器及儲水箱等。流量調整器用於調節電熱水器儲水箱的進水量；流量感測器則可以感測進水口的水流量；溫度感測器用於感測電熱水器的進水溫度及出水溫度；控制器接收感測器訊號，並依此判斷電熱水器的運作狀態，以預先設

計的控制法則運算輸出訊號，可以適度地控制加熱器及流量調整器；顯示器則顯示電熱水器的運作狀態，並提供使用者設定熱水溫度的操作介面；加熱器可將電能轉換爲熱能，用以加熱儲水箱內的冷水。

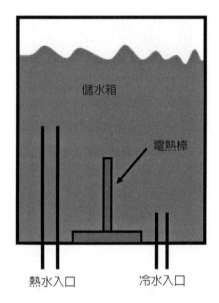

圖 1-10-2　傳統式電熱水器

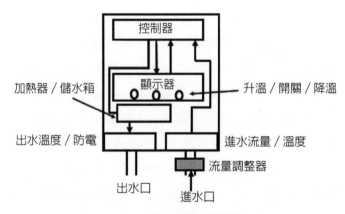

圖 1-10-3　恆溫即熱式電熱水器

　　恆溫即熱式電熱水器，是指電熱水器可以快速加熱，並且當進水流量以及進水溫度變化時，仍能保持出水口的水溫與用戶設定的使用溫度相同。圖 1-10-3 表示恆溫即熱式電熱水器的運作過程示意圖。當水由進水口進入電熱水器時，會先經過流量感測器以及溫度感測器，並且感測器會將水流量與水溫度的感測值傳送到控制器。此時，控制器會計算使用者設定的溫度與感測器量測到的水溫之間的溫度誤差，再將需要補償加熱的溫度誤差值傳送給加熱器進行加熱，待水溫加熱達到使用者設定的溫度後，再透過出水口將熱水送出。此外，當使用者關閉出水口的時候，電熱水器的控制器會紀錄各項使用數據。因此，當重複開啟熱水時，控制器會參照已經紀錄的數據進行控制，使得電熱水器可以在短時間內回復使用者所設定的水溫。這種恆溫且即熱的控制方式，使得使用者不會在洗澡的過程，使用到忽冷忽熱的熱水。

　　顯然地，恆溫即熱式電熱水器主要是利用自動控制方法，將水在最短時間內加熱並且保持在固定溫度；因此，在電熱水器執行自動控制的過程，必須考慮控制器的使用方式，影響熱水溫度變化的進水流量及進水溫度，以及加熱水源所使用的加熱器。電熱水器的控制系統設計，如圖 1-10-4 所示，使用感測器可以讓控制器更加方便地控制電熱水器的熱水溫度。控制器可以分析進水流量感測器及進水溫度感測器所傳送的感測訊號，並可立即輸出控制訊號作動加熱器，達到改變熱水溫度的效果。其中，感測器對物理量（流量／溫度）的感測方式，通常是以感測元件量測其物理或化學性質，並且將量測結果藉由轉換器轉換成為電輸出訊號。圖 1-10-4 所示的電熱水器控制系統，控制器會接收使用者所設定的溫度值（SP）及感測器所輸出的感測實際值（RV），並將設定溫度值及感測實際值加以分析及運算，最後輸出控制訊號到加熱器以改變熱水溫度。當進水流量或進水溫度改變時，感測器輸出的感測實際值也會改變，控制器因此再根據設定溫度值以及改變後的感測實際值，重新分析及運算，並且輸出新的控制訊號到加熱器，以再次調節熱水溫度。自動控制系統如此反覆循環操作，最終可使電熱水器的熱水溫度達到並且保持在使用者的設定溫度。

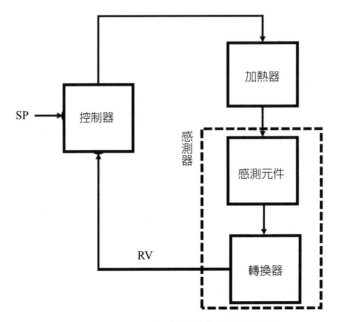

圖 1-10-4　電熱水器控制系統架構

參考資料

1. 王振興、江昭皚、陳世昌、黃漢邦（2001）：自動控制系統（第八版），東華書局股份有限公司。

2. 林崇吉：農業自動化叢書第一輯：自動控制基本原理與實例，財團法人農業機械化研究發展中心。

3. 彭錦銅（2001）：工業配線能力本位訓練教材：溫度控制器的認識，行政院勞工委員會職業訓練局中華民國職業訓練研究中心。

4. 鄧禮堂（2013）：程序控制，高立圖書有限公司。

1.11 | 自動洗車機

　　伴隨著世界經濟的快速發展，運輸車輛已經成為人們日常生活中不可或缺的主要交通工具。由於空氣中的灰塵與地面上的髒污，容易附著在車輛上，因此清洗車輛也成為人們日常生活的必要工作。傳統的洗車方式往往需要耗費較多的人力成本及時間，並且清潔品質更取決於洗車人員採用的洗車過程與方法；因此，如圖1-11-1所示，自動洗車機的發展及應用，可以提高洗車效率，大幅降低洗車成本，並使車輛更加清潔美觀。

圖 1-11-1　大客車自動洗車機

　　自動洗車機可以依照不同的分類方法區分；依工作方式可分成固定式和移動式；依清洗車型可分成小型車、大型車、特殊車輛；依應用方式可分成立式洗車機（洗車滾筒旋轉軸垂直上下移動）和臥式洗車機（洗車滾筒旋轉軸水平移動）。本文介紹往復式自動洗車機，如圖1-11-2所示，主要的硬體架構包括：洗車滾筒、龍門架、光電感測器等。洗車滾筒是由可以自動旋轉的洗車刷構成，也是自動洗車

機清潔車輛的主要部分；藉由洗車滾筒表面的洗車刷，可以清除刷去車輛表面的髒污，達到清潔車輛的使用目的。龍門架的主要功用是搭載並且移動洗車滾筒，可以在車輛不移動的狀態下，移動洗車滾筒並藉此洗刷車輛全部的車體表面。光電感測器的使用分別有：水平滾筒感測器、垂直滾筒感測器、龍門架感測器。水平滾筒感測器可以感測車輛高度，並且確認水平滾筒是否碰觸到車輛的上方表面；垂直滾筒感測器可以感測車輛兩側與垂直滾筒的距離，並且確認垂直滾筒是否碰觸到車輛的兩側表面；龍門架感測器可以感測龍門架是否到達預先設定的水平移動位置，並藉此感測訊號使得自動洗車機得以控制龍門架的往復移動。

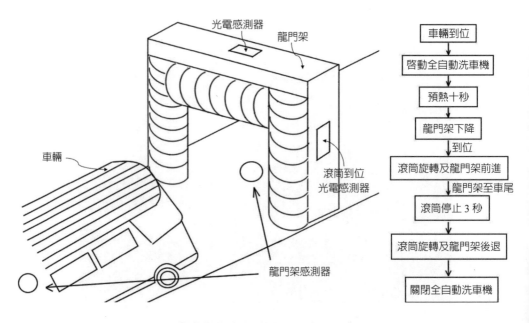

圖 1-11-2　往復式自動洗車機硬體架構與洗車程序

　　常用的往復式自動洗車機的硬體架構以及洗車流程如圖 1-11-2 所示，往復式自動洗車機的龍門架是由兩個垂直洗車滾筒及一個水平洗車滾筒所組成的機械結構。當車輛停留在指定位置後，啟動自動洗車機並且開始預熱清潔用水。往復式自動洗車機清潔車輛的過程非常簡易，首先龍門架的水平洗車滾筒下降到待清潔車輛

高度，垂直洗車滾筒亦移動到待清潔車輛兩側，此時所有洗車滾筒開始啓動旋轉。接著，龍門架前進移動並帶動旋轉中的水平及垂直洗車滾筒移動用以清潔車輛。當龍門架移動到待清潔車輛的另一端（預先設定的水平移動位置），龍門架開始後退移動，並且洗車滾筒開始以反向轉動方式清潔車輛。往復式自動洗車機根據車輛形狀，以龍門架往復移動並且帶動垂直洗車滾筒及水平洗車滾筒，完成待清潔車輛的清洗。

　　龍門架以及洗車滾筒的移動主要是由中央處理控制器進行操控。龍門架的水平洗車滾筒裝有光電感測器，可以用來感測待清潔車輛的車體高度，並且在水平洗車滾筒下降至車輛高度時，回傳車輛高度感測訊號給中央處理控制器；龍門架的垂直洗車滾筒亦裝有光電感測器，可以回傳待清潔車輛兩側與垂直洗車滾筒的距離給中央處理控制器，用來判斷垂直洗車滾筒是否有正確地清洗到車輛。龍門架感測器的感測訊號則可以提供給中央處理控制器，判斷龍門架是否已經移動到待清潔車輛的另一端，控制龍門架的往復移動。中央處理控制器對往復式自動洗車機的硬體控制架構如圖 1-11-3 所示，主要的組成有：接收命令單元、中央處理控制器、輸出命令單元。接收命令單元是指中央處理控制器接收感測訊號的硬體裝置介面，圖 1-11-3 所示的感測部分有：車輛到位、水平滾筒到位、龍門架到位、水平滾筒歸位、龍門架歸位等。輸出命令單元是指中央處理控制器輸出控制訊號作動洗車機械結構的硬體裝置介面，圖 1-11-3 所示的作動部分有：水平滾筒下降、水平滾筒上升、滾筒正轉、滾筒反轉、龍門架前進、龍門架後退、水泵噴水、故障警示燈關閉及啓動等。

　　全自動洗車機所使用的中央處理控制器主要是具有下列特點的可程式邏輯控制器（PLC）：

1. 可靠度高且抗干擾能力強：由於 PLC 採用大規模的積體電路技術，因此與其他控制系統相比較，具有較高的運作可靠度及抗干擾能力；並且，目前多數的 PLC 皆具有自動故障檢測功能，可以在 PLC 發生故障時，自動發出警示訊息。

2. 適用性強且功能齊全：由於 PLC 已經發展多年，並且廣泛地應用於工業系統控制，PLC 業者早已研發各種應用的 PLC 模組，因此，PLC 適用於各工

業應用領域,可以執行輸入訊號的邏輯處理功能,亦可精確地運算處理大量的量測數據。

3. 控制程式編輯容易:目前多數的 PLC 以階梯圖語言作為控制程式的撰寫編輯方式。圖形化的邏輯控制概念,並以圖形符號的連結方式實現電機裝置功能,皆使得 PLC 控制程式的規劃與撰寫編輯過程更加容易。

4. 控制系統建構簡單:PLC 使用記憶體的邏輯運算取代傳統控制系統的週邊電路,可以大幅減少控制系統的外部電路接線,提供設備維護以及故障排除的便利性,並且更容易以模組化方式建構複雜的控制系統。

5. 體積小且消耗功率低:由於積體電路的快速發展,PLC 的設計更加小巧且精簡。PLC 需要的安裝空間較其他控制系統的安裝空間縮小許多,且消耗功率亦通常低於其他控制系統,因此容易安裝於控制機器內部,達成機電一體化的設計目標。

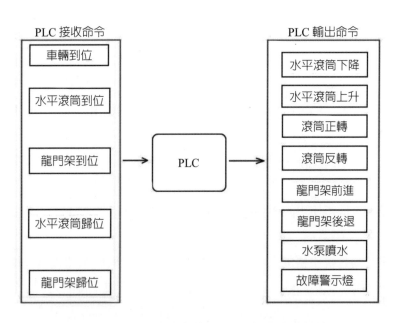

圖 1-11-3　自動洗車機的中央處理控制系統

參考資料

1. 張力群，唐文聰（2007）：圖解食用順序控制程式集，全華科技圖書股份有限公司。

2. 武內裕之（2006）：圖解時序控制，世茂出版有限公司。

3. 百度百科（洗車機）：http://baike.baidu.com/view/926056.htm.

1.12 ｜ 紅綠燈交通號誌

　　紅綠燈是由紅、黃、綠三種顏色燈號所組成的交通號誌，如圖 1-12-1 所示，通常設置在交叉路口或需要管制車輛通行的道路，以固定週期切換紅、黃、綠顏色燈號，指示車輛通行或停止。世界上最早的紅綠燈建置在英國倫敦議會大廈前的交叉路口，是由紅、綠兩色煤氣燈及燈柱組成，但後來由於煤氣燈會有爆炸危險而停止使用，直到以電力取代煤氣作爲紅綠燈能源的設計出現，紅綠燈交通號誌才開始在都會區裡盛行。

圖 1-12-1　　紅綠燈交通號誌

　　圖 1-12-2 表示常見的紅綠燈交通號誌架構，其主要組成分別為：四組紅黃綠交通號誌燈以及控制箱。四組紅黃綠交通號誌燈分別位於十字路口四邊道路，用於指示車輛通行（綠燈）或停止（紅燈）；控制箱內部安裝控制器主機，以及由輸入元件與輸出元件所組成的輸入與輸出電機控制裝置，可以依照預先規劃的車輛通行及停止時間，順序地觸發（燈亮或燈滅）紅黃綠交通號誌燈。控制箱由操作者切換開關按鈕，以啓動控制器的內部程式。此時，控制器連接輸出元件，電機控制裝置會發送電壓訊號，觸發交通號誌燈亮起，並且由控制器內部的計時器開始計算號誌燈亮的持續時間（由操作者設定），待持續時間結束後燈滅並開始其他交通號誌燈的觸發過程。因爲顧及操作者的作業安全，控制箱放置的位置通常在十字路口兩旁的人行道，控制器主機則藉由輸出元件電機控制裝置及電纜線，發送電壓觸發訊號到架設於十字路口旁的交通號誌燈。

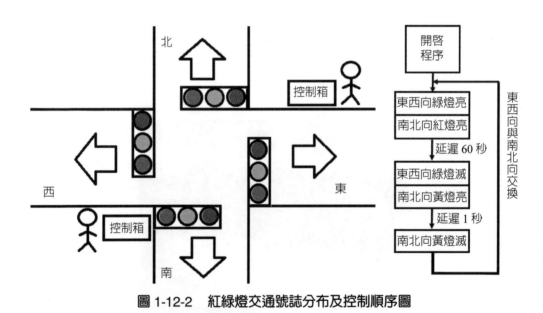

圖 1-12-2　　紅綠燈交通號誌分布及控制順序圖

　　紅綠燈交通號誌在十字路口的分布情形如圖 1-12-2 所示，十字路口分別爲「東西」方向以及「南北」方向，假設指示車輛通行（綠燈）或停止（紅燈）的持續時間爲 60 秒，黃色燈號的持續時間爲 1 秒，紅綠燈交通號誌的控制順序如圖 1-12-2

所示。當控制箱開啓紅綠燈交通號誌的控制順序時，控制箱內控制器主機觸發「東西」方向的交通號誌燈，使得「東西」方向的綠色號誌燈亮起，並且維持 60 秒時間；同時，「南北」方向的紅色號誌燈也會亮起，指示「南北」方向的車輛停止通行。當控制器內部的計時器倒數完 60 秒後，控制器內部控制程式會觸發「東西」方向的綠色號誌燈滅，黃色號誌燈亮起且維持 1 秒的時間，再轉爲紅色號誌燈亮；同時，「南北」方向的紅色號誌燈滅，並且轉爲綠色號誌燈亮。相同的紅黃綠交通號誌燈作動順序及持續時間，由「東西」方向轉爲「南北」方向，如此反覆循環操作，可以維持十字路口的交通秩序。

　　控制紅綠燈交通號誌常見的控制器主機是可程式邏輯控制器（PLC），基本控制架構如圖 1-12-3 所示，主要組成有：輸入電機控制元件（輸入元件）、可程式邏輯控制器（PLC）、輸出電機控制元件（輸出元件）。輸入電機控制元件（按鈕開關、旋轉開關、極限開關等）主要作爲可程式邏輯控制器的輸入控制介面，使得控制器可以接收外部開關訊號或感測訊號，以觸發儲存在控制器記憶體的內部控制程式，執行不同功能的運算及控制操作過程；輸出電機控制元件（LED、蜂鳴器、電磁接觸器等）主要作爲可程式邏輯控制器的輸出控制介面，使得控制器可以藉由內部控制程式的執行，發送不同功能的輸出控制訊號，以啓動或關閉外部的電機控制裝置。可程式邏輯控制器可以使用圖形化操作軟體，編輯內部控制程式。基本的運作方式如圖 1-12-3 所示，藉由不斷地檢查所有輸入元件狀態，再依據使用者對控制器內部程式的設計控制架構，經由輸出元件操控外部電機控制裝置的運作。

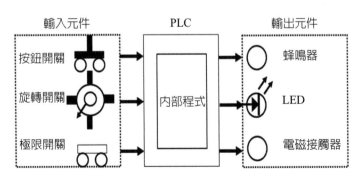

圖 1-12-3　可程式邏輯控制器架構示意圖

隨著科技不斷進步，一般的紅綠燈交通號誌控制方式，漸漸地無法同時解決尖峰時刻及離峰時刻的車流量變化需求。因此，智慧型紅綠燈交通號誌的控制方法，可以針對複雜的交通情況進行紅綠燈控制，該控制方法的主要參考訊號，通常是道路的交通流量以及流量的變化量等。模糊控制的設計概念是以「模擬兩可且不容易判斷」為基礎，主要模仿人類對於模糊不清的訊息或是不完全的資料來源，不需要經過精密複雜的計算過程，就可以作出雖不審慎但卻適當的判斷。將此智慧型控制方式應用於紅綠燈交通號誌控制系統設計，可以更有效率地控管區域交通狀態。

圖 1-12-4 顯示應用模糊控制的紅綠燈交通號誌控制系統。其中，A 表示東西方向的交通流量，B 表示南北方向的交通流量，ΔA 為東西方向的交通流量變化量，ΔB 為南北方向的交通流量變化量，E = A − B 表示東西方向與南北方向的交通流量差量，$\Delta E = \Delta A - \Delta B$ 則表示東西方向與南北方向的交通流量變化量差量。該系統的模糊控制設計有 E 及 ΔE 作為參考輸入訊號。在這裡，模糊控制設計輸出交通號誌計時器時間，以自動設定與控制紅綠燈交通號誌的燈亮持續時間，可以隨時應變不同的交通流量，使得十字路口的交通可以更加順暢並且有效率。此外，模糊控制不需要經過繁瑣的數學方程式推導過程，同時可以不斷地參考不同路口的交通流量，因此對系統操作環境的變動，具有良好的適應性。

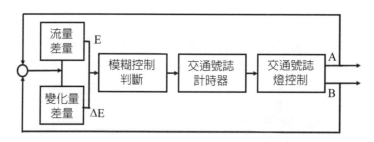

圖 1-12-4　模糊控制紅綠燈交通號誌系統圖

參考資料

1.　王光復（1983）：程式控制器之運用技術，華興文化事業有限公司。

2.　石文傑、林家名、江宗霖（2013）：可程式控制器 PLC 與機電整合實務，全華科技圖書股份有限公司。

3.　李允中（2003）：模糊理論，全華科技圖書股份有限公司。

4.　Wikipedia: https://en.wikipedia.org/wiki/Traffic_light.

1.13 │ 升降機（電梯）

升降機（或稱電梯）是一種可以垂直移動，以進行不同樓層之人員或貨物運送的移動工具，如圖 1-13-1 所示。基於土地面積的有效使用、建築物的樓層越蓋越高，上下樓層所使用的升降機也就相對地越來越重要。對於升降機的使用，不但需要平穩且安全的移動，機廂的移動速度也成為國家發展程度的一項重要參考指標。通常機廂的移動速度低於 4 米 / 秒，稱為低速電梯；移動速度高於 12 米 / 秒，則稱為高速電梯。

圖 1-13-1　升降機（臺灣高鐵新竹站內客運電梯）

　　升降機的組成如圖 1-13-2 所示，主要的部分有：控制中心、驅動器及電動機、機房、井道、電纜及鋼纜、機廂與層站等。控制中心主要是作爲升降機移動的控制總樞紐，可以接收機廂與各個層站的操作使用狀態，並依此接收狀態控制驅動器及電動機，移動機廂到達指定的樓層位置。驅動器是驅使電動機轉動的電機裝置，驅動器及電動機的使用目的是藉由電動機轉動鋼纜以拉動停留在層站的機廂，並使得機廂可以在各層站間上下移動。機房主要用於放置控制中心、驅動器及電動機等重要電機設備；井道則是機廂在各層站間移動的主要通道；電纜連結機廂及控制中心，使得控制中心可以接收機廂內部的操作設定及使用狀態；鋼纜則是電動機拉動機廂的重要纜線，可以使機廂在各層站停留或移動；機廂主要用於承載人員或貨物，內部並設有層站指定按鈕或緊急按鈕，可以將機廂的使用狀態傳送給控制中心以控制機廂移動；層站則是機廂在井道內暫時停留的站點位置，通常位於建築物內各樓層的特定位置，並裝置有升降機出入口及安全門，可以管制人員或貨物出入機廂。

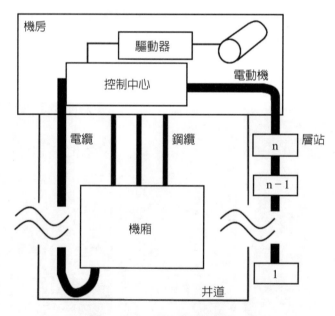

圖 1-13-2　傳統型升降機組成

　　升降機的設計是基於重力平衡的原理，在上下滑輪之間環繞鋼纜，滑輪的一側連接機廂，滑輪的另一側連接平衡機廂重量的平衡塊。藉由曳引電動機組拉動鋼纜，即可使機廂在井道內上下移動。電動機組及其他電機控制組件放置在獨立機房內，由於電動機組的主要動作是拉動鋼纜，因此放置在升降機井道的最上方位置時效率最高，所以機房的位置通常會座落於升降機井道頂部。升降機的移動控制方式，就如圖 1-13-3 所示的電梯控制系統架構，通常具有重要電機控制單元：電梯控制器、電梯命令、顯示燈、電梯到位控制、電梯內門開關控制等。電梯控制器即為控制中心，是控制電梯能否正確移動的重要關鍵；電梯控制器接收其他電機控制單元所發送的控制命令以及感測訊號，以進行電梯機廂的內門開關控制以及移動到位控制。電梯命令單元則會感測機廂內部的功能操作，以產生適當的電梯控制命令發送給電梯控制器，如圖 1-13-3 所示的樓層按鈕按下、緊急對講機按鈕按下、故障命令、超載命令等。顯示燈單元則會顯示電梯控制器所發送的機廂運作狀態，如

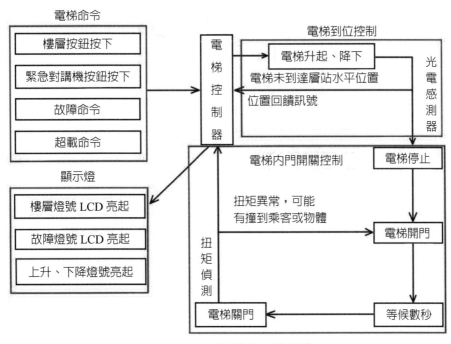

圖 1-13-3　電梯控制系統架構

圖 1-13-3 所示的樓層燈號亮起、故障燈號亮起、上升／下降燈號亮起等；電梯到位控制主要是控制機廂的上升／下降移動；電梯控制器可藉由光電感測器的位置回饋訊號，偵測機廂是否準確到達指定層站，亦由顯示燈單元顯示機廂目前位置；電梯內門開關控制主要是控制機廂內門的開啟或關閉，並可藉由機廂內門驅動馬達的扭矩偵測，判斷是否有碰撞發生以便持續關閉或快速開啟機廂內門；電梯控制器並可接收扭矩偵測訊號，藉由顯示燈單元顯示機廂內門目前的運作狀態。

如圖 1-13-3 所示，當樓層按鈕按下後，電梯命令單元會傳送控制命令給電梯控制器，若此時機廂處於閒置狀態，則由電梯控制器發送移動控制訊號給電梯到位控制單元，以控制機房內的電動機組動作，使得機廂上升或下降到相對應的層站位置。當機廂正確地到達指定層站位置後，電梯開門並等候數秒再關門；若此時該層站或電梯內有人按下開門按鈕，則電梯繼續保持門開狀態，直到無人按鈕且等候數秒後電梯關門。電梯正在關門時，若電梯內門開關控制單元偵測到扭矩異常，即表示電梯內門可能碰撞到物體或乘客，此時電梯門即刻開啟以免夾傷乘客或破壞物體。

以上雖只敘述升降機（電梯）的主要組成與操作控制方式，但是由於升降機（電梯）與人們的日常生活息息相關，尚有諸多機電裝置設計可以保護使用者的生命安全，例如：

1. 機房內部有安裝限速器，是利用離心力運作的安全裝置。其主要的使用目的是阻止升降機超速運行，以避免意外發生。

2. 井道內側安裝安全極限開關，可以感應升降機是否超出運行區域。由於升降機的機廂必須與井道的上限及下限保持安全距離，因此需要使用安全極限開關，並且配合控制器的急停控制命令，以防止升降機與井道發生碰撞。

3. 井道底部安裝緩衝器，通常是由數條彈簧或是油壓柱所組成的緩衝機械結構。當升降機發生無法停止的狀況而導致撞向井道底部時，緩衝器可以延長撞擊時間，並且減少升降機廂所受到的反作用力，以降低機廂乘客的傷害。

參考資料

1. 陳登峰（2013）：電梯控制技術，機械工業出版社。
2. Wikipedia: https://en.wikipedia.org/wiki/Elevator.
3. 台灣 Wiki：http://www.twwiki.com/wiki/ 電梯控制系統。
4. 電梯資料網（升降機的基本構造）：http://www.hkelev.com/elev_str.htm.

1.14 | 機械停車塔

　　機械停車塔是一種建築物內的機械式自動停車設施，如圖 1-14-1 所示，可以藉由馬達與油壓傳動機構的連續操作，進行自動搬運或取放車輛的動作，以達到自動停放車輛的目的。機械停車塔與平面停車場相比較，可以明顯地減少停車占地面積的需求，並對於車輛停放操作（如路邊停車及倒車入庫等）不甚熟悉的駕駛者，可以舒緩停車時的心理負擔並節省停車時間，因此機械停車塔是都會區常見的車輛停放設施。

圖 1-14-1　機械停車塔

　　機械停車塔的鋼骨結構設計必須考慮支撐整體機械運動裝置與車輛的荷重，堅固的鋼筋結構方可使機械停車塔正常運作。機械停車塔的主要結構有搬運車輛所需之機械驅動機與停車平台，亦有搬運車輛過程所需的輔助裝置，如：車輛升降機、迴轉台、安全門、平移平台機構、警示燈等，如圖 1-14-2 及圖 1-14-3 所示。機械驅動機主要功能是以馬達或氣液壓方式驅動傳動機械，使得機械停車塔的機械結構可以進行移動搬運車輛的動作；停車平台則是被用來承載停放在機械停車塔內的車輛；車輛升降機可以垂直移動停車平台，往返欲停放車位高度與停車塔入口處；平移平台機構可以水平移動停車平台，往返車輛升降機與欲停放車位；迴轉台的主要功能是旋轉停車平台，可將停放於停車平台的車輛旋轉 180 度，使停放車輛朝外以方便駛離停車塔；安全門設置在機械停車塔的入口處，可以隔離停車塔內的機械運動裝置，確保車輛停放人員的安全；警示燈則用於表示停車塔內機械裝置的運作狀態，可以警告並指示車輛停放人員在車輛停放過程的動作。

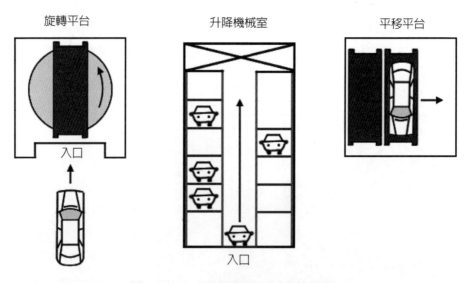

旋轉平台　　　　　　　升降機械室　　　　　　　平移平台

入口

入口

圖 1-14-2　　機械停車塔之停車流程

　　圖 1-14-2 顯示，當車輛停放人員將車輛駛近機械停車塔入口處時，可以使用遙控器呼叫欲停車之車位，此時，機械停車塔會自動判斷所呼叫之車位是否已停放

車輛，若已停放車輛則告示燈亮起以告知車輛停放人員該車位不能停車；若車位爲空則警示燈開始閃爍以表示停車塔內機械裝置正在運轉。停放車輛時，機械停車塔升降機將上升到欲停放車輛的車位高度，然後啓動平移平台機構將車位的停車平台水平移動到升降機，升降機開始下降到機械停車塔的入口處並且安全門開始啓動；當安全門完全開啓後，警示燈停止閃爍以告知車輛停放人員，停車塔內機械裝置運轉已經完成，車輛可以安全地駛進停車塔停車室內的停車平台。當車輛停放人員停妥車輛後，須待人員走出停車室並且按下遙控器的完成停車鈕，警示燈即開始閃爍安全門並開始關閉；待安全門完全關閉後，迴轉台會將已停放車輛的停車平台旋轉180度，以方便人員取車時可以直接駛出車輛而不必再倒車。停車平台旋轉完畢後，升降機開始上升到欲停放車輛的車位高度；當到達停放車位高度時，平移平台機構啓動，將載有車輛的停車平台水平移動到停放車位，待車輛停妥且警示燈停止閃爍，表示停車塔內機械裝置運轉結束，機械停車塔的停車動作已經完成。

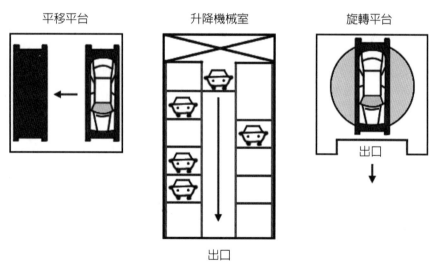

平移平台　　　　　升降機械室　　　　　旋轉平台

出口

出口

圖 1-14-3　　機械停車塔之取車流程

　　圖 1-14-3 顯示，當車輛停放人員欲取車時，按下遙控器的取車按鈕後，機械停車塔會自動判斷該車位是否已停放車輛。若該車位無停放車輛則告示燈亮起以告

知人員無法執行取車動作，若車位已停有車輛則警示燈開始閃爍，停車塔內機械裝置開始啓動運轉。取車時，機械停車塔升降機將上升到欲取車的車位高度，然後啓動平移平台機構將停有車輛的停車平台水平移動到升降機；待升降機下降到機械停車塔的入口處時，安全門開始啓動；當安全門完全開啓後，警示燈停止閃爍以表示停車塔內機械裝置運轉完成，人員可以安全地將車輛駛離停車室內的停車平台；車輛駛離後，機械停車塔自動判斷停車室內是否有停放車輛，若無停放車輛，則警示燈開始閃爍並且安全門開始關閉；安全門完全關閉後，升降機開始將停車平台升到原始取車時的車位高度，然後啓動平移平台機構將停車平台水平移動到所屬車位，待停車平台移動完成且警示燈停止閃爍，表示停車塔內機械裝置運轉結束，取車動作已經完成。

停車塔內機械裝置的動作，主要是由：輸入元件、輸出元件以及控制器操作所達成。輸入元件有：近接開關、微動開關、操控按鈕等；輸出元件有：驅動馬達、油壓驅動器、警示燈等。其中，驅動馬達或油壓驅動器是安全門、升降機、平移平台、迴轉台等機械結構主要的驅動力來源。如圖 1-14-4 所示，控制器的主要部分有輸入模組、輸出模組、中央處理單元（CPU）及記憶體（MEMORY）構成。輸入模組及輸出模組分別作爲輸入元件及輸出元件對中央處理單元及記憶體的接收及發送介面。中央處理單元的主要功能是處理輸入元件與輸出元件的感測及控制訊號，並且可以由電腦（PC）程式編寫軟體，規劃輸入元件和輸出元件的控制法則及作動規則，存放在記憶體內執行。舉車輛停放人員的取車過程做爲例子：

1. 人員按下取車按鈕（輸入元件）時，控制器會發送驅動控制訊號到升降機（輸出元件），使得升降機開始上升，直到觸動欲取車位高度的近接開關（輸入元件）。

2. 當升降機觸動到欲取車位高度的近接開關，控制器會再發送控制訊號以停止升降機移動，控制器並發送驅動控制訊號啓動平移平台（輸出元件），將載有車輛的停車平台水平移動到升降機。

3. 當停車平台水平移動且碰觸到升降機的微動開關（輸入元件），表示停車平台已經完全移動到升降機內。此時，控制器發送控制訊號停止平移平台移動，並且發送驅動控制訊號，下降升降機直到觸動機械停車塔入口處的近接

開關。

4.當升降機觸動到入口處的近接開關，控制器會再發送控制訊號停止升降機移動，控制器並發送驅動控制訊號，開啓安全門（輸出元件），使得人員可將車輛駛離停車室。

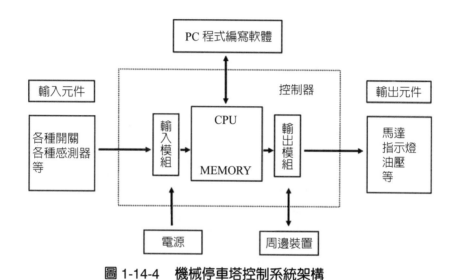

圖 1-14-4　機械停車塔控制系統架構

參考資料

1. 宓哲民、王文義、陳文耀、陳文軒（2015）：PLC 原理與應用實務（第六版），全華科技圖書股份有限公司。

2. 建築物附設停車空間機械停車設備規範，內政部營建署。

1.15 ｜ 汽車怠速系統

汽車的怠速過程可以讓內燃機保持在最低運轉速度的狀態，此時，引擎有足夠

的能量可以正常運轉，但是汽車無法正常行駛。讓汽車保持在怠速狀態通常可以：降低廢氣排放量、提高燃料的使用度、提高汽車靜止時的穩定性、達到平穩且迅速的引擎運轉過渡期（例如：汽車由靜止到行駛的期間）。如圖 1-15-1 所示，汽車怠速系統可以控制引擎旁通空氣量的多寡，改變引擎的進氣量並進而達成引擎怠速的目的。

圖 1-15-1　汽車怠速系統

　　怠速控制系統的組成如圖 1-15-2 所示，主要的部分有：輸入訊號單元、電控單元 ECU、怠速控制閥 ISCV、空氣流量計、緩衝機（含節氣門及旁通空氣道）等。輸入訊號單元主要是以感測器量測車速／油壓／空調、怠速／空檔、冷卻水溫度、引擎（發動機）轉速等訊號，作為電控單元執行控制迴路時的參考輸入訊號使用。電控單元接收輸入訊號單元的各項量測訊號，經過訊號分析與判斷而執行機電控制法則後，可對怠速控制閥下達作動指令。怠速控制閥裝置在旁通管路，由電控單元進行啟動或停止的動作。當引擎轉速低於某設定值，怠速控制閥啟動以提高引擎的轉速；當引擎轉速過快，則停止怠速控制閥作動。空氣流量計可以量測流經空氣管路的空氣量；緩衝機則提供流通空氣的儲存緩衝空間，節氣門可以控制旁通空氣道的空氣流量，使得引擎運轉於最適狀態。

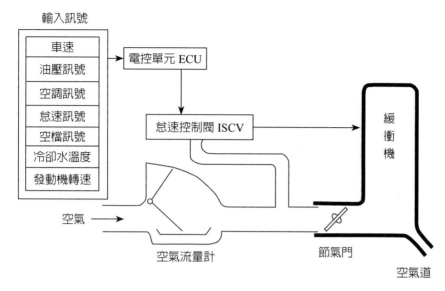

圖 1-15-2　汽車怠速控制系統

　　怠速控制的原理是當引擎處於怠速運行時，節氣門會全部關閉，亦即節氣門不會再調節進入引擎的空氣量；此時，圖 1-15-2 所示的電控單元會透過怠速控制閥調節空氣道氣量，同時配合引擎的噴油量以及點火角度的控制，改變引擎怠速時燃料消耗所發出的功率，並藉此改變且穩定引擎怠速時的運轉速度。通常，引擎怠速系統的控制策略有下列主要部分：

1. 引擎啓動控制：當引擎啓動時，控制怠速控制閥使得旁通進氣量變爲最大。
2. 暖機控制：電控單元可以根據冷卻水的溫度，藉由怠速控制閥調整旁通進氣量的大小，使引擎可以在不同溫度時，仍維持穩定的轉速。
3. 怠速回授控制：主要是在暖機過程結束後，或節氣門全關閉時開始運行，可以藉由怠速控制閥進行引擎轉速的回授控制，可以穩定引擎轉速。
4. 電器負載怠速控制：當車輛同時使用多個電器電源時，會因爲電器負載增加而導致引擎轉速下降，此時怠速控制系統必須增加旁通進氣量，以維持穩定的引擎轉速。

由此可知，汽車引擎怠速控制系統的執行核心是怠速控制閥，其主要作用是

改變引擎怠速運轉時的進氣量。改變引擎進氣量的方式可分為操控節氣門的節氣門直動式，以及改變旁通進氣量的旁通進氣式。此外，怠速控制閥及節氣門的驅動方式可以是電動馬達（為目前使用較多的驅動方式）或是旋轉電磁閥等。怠速控制系統對引擎進氣量的控制過程可表示如圖 1-15-3。其中，電控單元的主要部分有：中央處理單元（CPU）以及驅動電路。電控單元可以接收各式感測訊號（例如：冷卻水溫度訊號、空調開關訊號、動力轉向訊號、發動機實際轉速、節氣門開啟角度訊號、車速訊號等），並且可以依照感測訊號計算引擎的理想目標轉速。將目標轉速與引擎實際轉速相比較，可計算轉速誤差值，並且將該誤差值提供給中央處理單元，作為計算驅動控制訊號的重要參考。此外，中央處理單元在計算驅動控制訊號時，也必須參考引擎的怠速狀態。引擎怠速狀態的判別，必須根據節氣門開啟角度訊號值以及車速訊號值。最後，中央處理單元依據各項參考訊號，可以計算怠速控制閥及節氣門的驅動控制訊號，以控制引擎於怠速運轉時的進氣量。例如：當引擎怠速控制系統接收到引擎怠速訊號，電控單元會比較引擎實際轉速與目標轉速的差異；如果實際轉速偏離目標轉速，則電控單元便會發送驅動控制訊號給怠速控制閥，調整旁通進氣量使得引擎實際轉速往目標轉速修正。

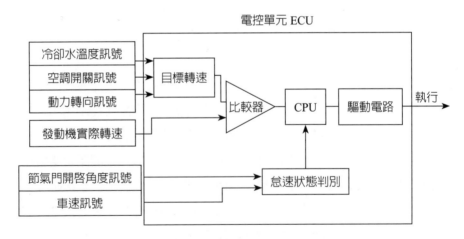

圖 1-15-3　怠速控制系統執行過程

　　近年來，溫室效應已經造成全球氣候的劇烈變化，全世界因此開始關切交通工具所排放的廢氣體，許多國家並已經著手研究如何降低汽機車的廢氣排放量。例如：美國、加拿大、日本已經制定汽車怠速超過時間便會罰款的相關法令，而台灣也發布汽車怠速超過三分鐘即罰款的環保法令。推動停車熄火不怠速的車輛使用方式，不僅可以節省油料，對於提升環境空氣品質亦有相當助益，民眾更可因此保持身體健康。因應全球人類生活環境的變遷，推動「反怠速車輛運動」是相當迫切且重要的任務，也是人類能為地球環保貢獻的棉薄心力。

參考資料

1. （英）賽瓦瑞西（2014）：汽車主動制動控制系統設計，機械工業出版社。
2. Wikipedia: https://en.wikipedia.org/wiki/Idle_（engine）.
3. Wikipedia: https://en.wikipedia.org/wiki/Idle_speed.
4. 河南交通職業技術學院（電控發動機的構造與維修）：http://jpkc.hncc.edu.cn/ 汽車工程系 /Autodd/cankaoziyuan/danyuan02.htm.

1.16 ｜ 蒸餾塔系統

　　蒸餾塔常見於化學工程的製造程序，如圖 1-16-1 所示，主要的運作方式是利用物質特有的物理性，將含有多種成分的液體逐一分離。在分離過程中，蒸餾塔通常會利用物質的揮發度（蒸氣壓與沸點等物理特性）進行分離。由於揮發度較高的物質，其蒸氣壓也相對較高，且沸點相對較低，容易因加熱而產生沸騰。因此，揮發度較高的物質會最先被分離出來；對於揮發度較低的物質，則會經過蒸餾塔的再處理過程進行分離。

圖 1-16-1　　蒸餾塔系統

　　圖 1-16-2 顯示蒸餾塔的主要構造有：蒸餾塔本體、氣液體入口管路、空氣冷卻器及冷凝器、迴流槽及迴流泵、再沸器及蒸氣迴流管、底部成品及頂部成品出口管路等。蒸餾塔本體主要是由多層次的泡罩盤架所構成，盤架內部有液體流動，可與蒸餾塔內通過該盤架的氣體進行混合液化過程。氣液體入口管路則提供進入蒸餾塔本體之氣液原料的流通管道。空氣冷卻器及冷凝器主要用來將到達蒸餾塔頂部的氣體進行冷卻降溫，並且將降溫後的氣體凝結成液體。迴流槽收集降溫冷卻後的液體，可作為蒸餾塔的成品輸出，部分液體也藉由迴流泵送回蒸餾塔內。再沸器則加熱蒸餾塔底部的液體使它氣化，並經由蒸氣迴流管進入蒸餾塔內，繼續進行蒸餾過程。底部成品及頂部成品出口管路分別提供蒸餾塔底部及頂部液體成品輸出的流通管道。

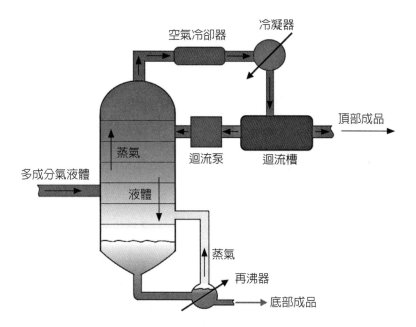

圖 1-16-2　蒸餾塔主要構造及流程

　　蒸餾塔流程如圖 1-16-2 所示，原料預先加熱到達一定的溫度後，由蒸餾塔中央偏下方的入口處進入，然後被分成混和氣體與混和液體進入塔頂或塔底，其中原料加熱被分離所產生的氣體可能大於 15% 以上。當混和氣體進入塔內後便開始往上升；反之，液體會流至塔底。在氣體上升到塔頂前會先經過許多層的泡罩，氣體中沸點高的成分將會與該層盤架上之沸點高的液體混合液化，再透過溢流管流至下層盤架；沸點低的成分會因為無法液化而以氣體的形態繼續在塔裡往上升，同樣會再經過更上一層的泡罩，氣體中沸點高的成分會與更上一層盤架上之沸點較高的液體混合液化，再透過更上層的溢流管流回至下層盤架。如此，一再地使氣體與液體相互接觸，使一部分沸點低的成分上升至更上一層，直到塔頂；沸點高的液化降落至下盤，直到塔底。當氣體到達最頂部後，會先經過空氣冷卻器使氣體先降溫，再透過冷凝器使可凝結的氣體凝結成液體，並送到迴流槽將部分液化後的液體透過迴流泵再送回蒸餾塔內最頂層或第二層，其目的在於提高塔內熱平衡的程度與蒸餾效果，迴流槽內剩下的液體則會輸出變成塔頂的成品。而塔內的液體落到塔底時，會

先與塔底的液體混合，透過再沸器加熱，使得沸點低的成分氣化並往上升到塔內，繼續反覆的蒸餾過程，以提高蒸餾精度，無法再氣化的液體將會輸出成為底部成品。

為使得蒸餾塔可以順利的完成混和氣體與混和液體的蒸餾過程，蒸餾塔必須藉由控制閥及感測器進行流量、溫度、液面、壓力等製程變數的控制，如圖1-16-3 所示蒸餾塔控制架構。蒸餾塔使用的控制閥主要有：流量控制閥（flow control, FC）、溫度控制閥（temperature control, TC）、液面控制器閥（level control, LC）、壓力控制器閥（pressure control, PC）。對於各別的控制閥而言，其架構包含機械閥門以及控制器；配合感測器的使用，感測器可以感測受控制製程變數的變化，而控制器則可以參考該製程變數的變化情形，適當地操作機械閥門以控制製程變數的改變。細部說明蒸餾塔感測器所感測的製程變數有：進料燃氣流率、塔底液面高度、塔頂液面高度、迴流槽壓力大小、塔內頂部溫度；以控制閥進行控制的部分有：進料燃氣管開口的大小、底部出料口的大小、頂部出料口的大小、冷凝水流率、迴流口的大小。圖 1-16-3 所示，蒸餾塔各控制閥的主要作用如下：

1. 流量控制閥：蒸餾塔的流量控制閥主要用來控制進料的流量與再沸器的加熱程度比（燃氣流率）。當流量大而加熱程度小時，雖然產量增加，但是會造成蒸餾效果不佳；反之，流量小而加熱程度大時，雖然蒸餾效果相對較好，但會造成產率下降，有發生爆炸的可能，所以兩者輸出必須符合一定的比例，才能有好的效率與安全。

2. 溫度控制閥：塔頂溫度控制主要目的為控制蒸餾的純度，在塔頂內部裝置溫度感測器即可感知塔頂內部的溫度，利用溫度的高低控制迴流速率，當迴流速率減少，蒸餾純度會降低；反之，迴流速率上升，蒸餾純度會上升。例如：若塔頂內部溫度較高，就代表塔頂裡面的氣體沸點較高，表示純度相對較低，此時控制器會命令提高迴流速率以提升純度；反之，塔頂內部溫度較低時，就代表塔頂裡面的氣體沸點低，表示純度相對較高，因為所需純度不需要太高，在講求效率的前提下，控制閥會減緩迴流率以降低純度。

3. 液面控制閥：分別在蒸餾塔底內部與迴流槽內部放置液面感測器，其目的是使再沸騰的液面與迴流槽的液面保持一定的高度，用來控制產品的產率與避

免蒸餾液過滿,以免蒸餾過程溢出與效率不佳。

4.壓力控制閥:在迴流槽內部裝置壓力感測器以感測內部壓力,主要用來調節冷凝器之冷凝水的流率。當迴流槽內壓力過大時,代表溫度相對較高,冷凝器之冷凝水控制閥大開,增加冷卻水流率,使溫度與壓力降低;反之,迴流槽內壓力過小時,代表溫度相對較低,冷凝器之冷凝水控制閥關小,減少冷卻水流率,使溫度與壓力上升。

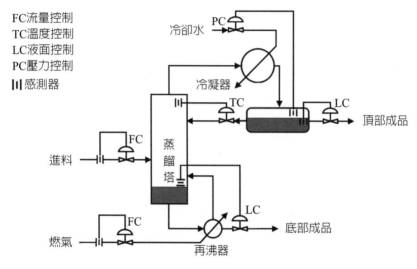

圖 1-16-3　蒸餾塔控制架構

參考資料

1. 呂維明(2011):化工程序設計概論,高立圖書有限公司。

2. 呂維明(2012):化工單元操作(三):質傳分離操作,高立圖書有限公司。

3. 姜忠義、李鑫鋼、王保國(2006):化工裝置實用工藝設計(第三版),化學工業出版社。

1.17 | 機械手臂操作（I）

　　機械手臂是一種可以模仿人類手臂移動方式的機械裝置，如圖 1-17-1 所示，經常使用於人類手臂無法進行或難以完成的工作，例如：極度細微且精確的精密機械零件組裝，以及焊接或鑄鍛等危險且繁重的製造過程。然而，機械手臂雖然可以模仿人類手臂的移動，卻無法像人類般可以自行決定手臂的移動方式。機械手臂的移動過程通常具有規律性及順序性，主要是依照操作者所設計規劃的控制程式進行移動。

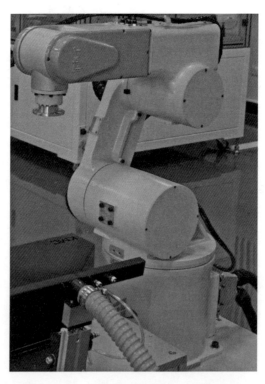

圖 1-17-1　模仿手臂移動的機械手臂

　　為達到模仿人類手臂的移動方式，如圖 1-17-2 所示，機械手臂的硬體構造主

要是由機械連桿（模仿手臂肢體）以及驅動馬達（模仿手臂關節）連結而成，可以進行反覆且規律的腕部及手部運動。機械手臂的末端通常安裝夾爪（亦稱為端效器），可以進行物件抓取及放開的動作；機械手臂的腕部是由三組關節馬達進行驅動控制，可以模仿人類手腕的運動，將裝置在手臂末端的夾爪指向空間方位；機械手臂的手部通常也是由三組關節馬達進行驅動控制，主要是模仿人類手臂的運動，將裝置在手臂上的腕部及夾爪移動到空間位置。因此機械手臂就如同人類手臂，可以抓取物件並且移動到目標位置及方位，然後放開物件將該物件擺放在空間位置；然而，不同於人類手臂，機械手臂可以在空間中反覆移動並且執行物件的取放動作，過程精確且不會感到勞累，因此經常應用在需要準確且長時間操作的自動化生產設備。機械手臂的控制架構，如圖 1-17-2 所示，主要是由機械手臂本體、伺服馬達及驅動器、工業電腦及運動控制卡所組成。機械手臂本體是由機械連桿及驅動馬達連結而成的機械結構；驅動馬達通常是伺服馬達，並且馬達裝置在機械連桿內部，因此當伺服馬達轉動時，可以帶動機械連桿轉動，依此進行機械手臂本體的完整運動。伺服馬達具有出力旋轉軸，主要是與外部機械相連結，並且帶動外部機械轉動；伺服馬達通常與光學編碼器直接連結，可以量測馬達出力旋轉軸旋轉時的角位移，作為伺服馬達的速度回授以及位置回授控制使用。驅動器則是伺服馬達的主要驅動電力來源，其主要作用是供給伺服馬達旋轉時的必要電動力，並且可以接收裝置在伺服馬達的編碼器角位移訊號，以適當的控制命令以及控制方式，驅動伺服馬達進行不同功能的準確操作。工業電腦是符合工業使用規範的特殊電腦，是機械手臂的主要控制核心，可以提供機械手臂使用者適當地操作設定介面，也可以接收伺服馬達編碼器訊號，進行機械手臂移動時位置及方位的計算與分析。運動控制卡則是安裝在工業電腦內部的介面卡，主要功能是作為工業電腦程式軟體與伺服馬達驅動器及機械手臂週邊電路的控制介面，由於可以控制機械手臂的運動方式，因此稱為運動控制卡；藉由運動控制卡的使用，可以將伺服馬達驅動器及機械手臂週邊電路的各式訊號傳達到工業電腦進行分析及計算，也可以將工業電腦所發送的控制命令傳達到伺服馬達驅動器及機械手臂週邊電路，完成機械手臂的系統控制。

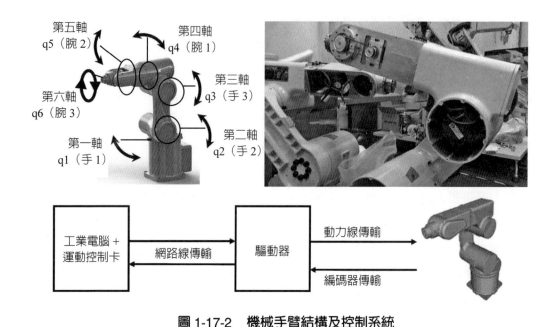

圖 1-17-2　機械手臂結構及控制系統

　　機械手臂藉由工業電腦內部的操控軟體發送移動命令，控制驅動安裝在手臂腕部及手部關節的伺服馬達，將機械手臂末端的夾爪移動到空間中的目標位置及方位，以進行空間中物件的取放動作，並且達成操控軟體所預先規劃的工作任務。如圖 1-17-2 所示，機械手臂是以工業電腦為主要的控制核心，藉由安裝在工業電腦內部的運動控制卡，以網路線傳輸伺服馬達的驅動控制命令到驅動器；此時，再藉由驅動器的馬達動力線，傳輸伺服馬達旋轉運動時所需的電力，使得安裝在機械手臂內部的伺服馬達，可以依照驅動控制命令精確地轉動，並使得機械手臂得以精確地移動。當伺服馬達轉動時，藉由編碼器傳輸方式，將光學編碼器所感測的馬達出力軸旋轉角位移訊號傳送到驅動器，再經由網路線傳輸回傳到運動控制卡，使得工業電腦內部的操控軟體可以得知伺服馬達目前的運作狀態，以規劃機械手臂後續的移動方式與工作任務。

　　圖 1-17-3 描述機械手臂精確地移動控制方式。當工業電腦內部的操控軟體，藉由運動控制卡對機械手臂發送移動命令訊號時，也同時得知機械手臂使用全部關

節伺服馬達的實際旋轉角位移，並且依據所有伺服馬達的角位移量，計算機械手臂的實際位置。因此，操控軟體可以比較機械手臂移動命令與實際位置之間的移動位置誤差，並藉由該位置誤差值計算所有關節伺服馬達驅動器的驅動控制訊號，使得機械手臂可以移動到移動命令所指定的空間目標位置及方位。在機械手臂移動過程中，操控軟體會隨時依據機械手臂的移動位置誤差，不斷地修正機械手臂的實際位置，使得機械手臂可以精確地移動到空間位置及方位目標。機械手臂的操控軟體通常可以操控機械手臂進行直線移動及圓弧移動，藉由這些標準移動方式的排列組合，操控軟體可以規劃機械手臂沿著各式各樣的路徑移動，並且執行不同功能的工作任務。因此，機械手臂應用在自動化生產製造過程，可以節省人力、增加產量、提高產品品質，並可因應不同的製造作業需求，隨時變更機械手臂的操控程式設計，使得機械手臂的使用更具彈性。

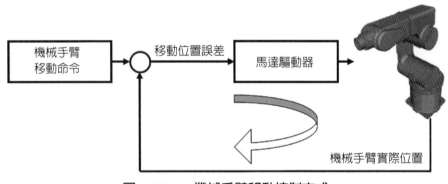

圖 1-17-3　機械手臂移動控制方式

參考資料

1. M.W. Spong, S. Hutchinson, M. Vidyasagar (2006): Robot Modeling and Control, Wiley.
2. 王振興、江昭皚、陳世昌、黃漢邦（2001）：自動控制系統（第八版），東華書局股份有限公司。

3. 胡竹生、張永融、陳祖興（2014）：機械手臂對精度量測與校正，機械工業雜誌。

4. 陳以撒（2006）：機電整合（第四版），全華科技圖書股份有限公司。

1.18 ｜ 機械手臂操作（II）

通常機械手臂的移動，需要操作者先以手動操控的方式，將機械手臂移動到目標位置並且紀錄該位置點（此稱為教導對位過程）。此後，當啓動機械手臂自行移動操作時，機械手臂就可以自動地移動到紀錄位置點並執行預先規劃的工作任務。使用機械手臂進行複雜且精確度更高的工作時，教導對位過程將明顯地更加煩瑣費時。因此，結合影像處理與機械手臂的教導對位方式，如圖 1-18-1 所示，可以精簡教導對位程序並且縮短所需時間。

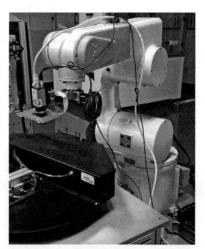

圖 1-18-1　裝置攝影機的機械手臂

將攝影機安裝在機械手臂，使之成為特殊的移動攝像機械裝置，是機械手臂常見的應用。該系統的設計目的，主要是模擬人類觀察物體的行為以及眼睛所看到的影像。操控機械手臂將攝影機移動到欲觀察的位置，然後進行攝像並且將該拍攝影像進行處理及分析，可作為機械手臂後續動作的參考。然而，與人類眼睛相比較，

機械手臂結合攝影機的應用，可以避免人類長時間使用眼睛的過度疲勞，更可以藉由特殊攝影鏡頭以及影像處理技巧，以人類眼睛難以察覺的光線（例如：紅外線及紫外線等）進行攝像，並且可以觀察極微小的物體特徵。結合攝影機與機械手臂的系統架構如圖 1-18-2 所示，主要有機械手臂以及攝影機。機械手臂具有機械手臂本體、伺服馬達及驅動器、工業電腦及運動控制卡等重要部分。工業電腦可藉由運動控制卡對伺服馬達及驅動器發送控制指令，操控機械手臂本體進行空間位置及方位的移動，也可以對空間物件進行取放動作。攝影機依採用的影像感測器種類，可分為 CCD 攝影機（charge coupled device，感光耦合元件）以及 CMOS 攝影機（complementary metal-oxide semiconductor，互補性氧化金屬半導體），主要用於拍攝欲觀察的目標物件，並且可以搭配不同種類的攝影鏡頭拍攝影像，以進行特殊目的及用途的影像處理及分析，例如：大型機械零件瑕疵檢測所採用的自動光學檢測系統，如圖 1-18-2 所示，該系統結合機械手臂及攝影機。當攝影機拍攝目標物件的影像後，將影像傳送到工業電腦進行影像處理及分析，並且依影像分析結果自動判斷目標物件是否有製造瑕疵。檢測完成後，工業電腦再發送控制指令，以操控機械手臂到達其他空間位置及方位，進行其他目標物件的自動光學瑕疵檢測過程。在實際的應用場合，有部分瑕疵必須以特殊光源照射方可顯現，攝影機因此須搭配合適的攝影鏡頭及光源，並使用適當的影像處理及分析技巧進行瑕疵檢測。

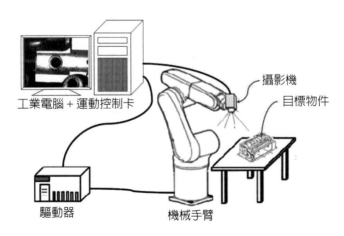

圖 1-18-2　結合攝影機與機械手臂的自動光學檢測系統

　　反覆學習控制是一種模仿人類學習過程的控制技巧。人類在面對新的工作內容時，通常會先以可能的方法進行嘗試，當工作的執行結果不如預期時，則會參考工作結果與目標的差異，修改執行工作的方式；在經過一段反覆學習的過程後，即可學得執行該工作的最佳方式，下次面臨相同的工作，就會以已經學得的最佳方式執行該工作內容。由控制系統的設計觀點，反覆學習控制是以反覆調整控制系統驅動控制命令的方式，使得控制系統能在有限的重複次數內，不斷地修正系統的實際輸出，使其接近控制系統預先設定的控制目標。反覆學習控制因此適用於具有重複操作特性的控制系統，能藉由反覆操作控制系統所得知的各項資訊（通常是控制目標及實際輸出的誤差量），作為後續驅動控制命令的調整參考。當應用反覆學習控制時，可以不需清楚瞭解控制系統的操作特性，即可使得控制系統的輸出，隨著學習次數的增加而逐漸接近控制目標。因此，應用反覆學習控制於圖 1-18-2 所示結合攝影機的機械手臂系統，可以精簡機械手臂使用時的教導對位程序，並且對於複雜度與精確度需求更高的作業內容，可以大幅地縮短教導對位過程所需的時間。

　　以影像為基礎的機械手臂反覆學習影像控制系統如圖 1-18-3 所示。首先藉由工業電腦內部的運動控制卡及操控軟體，移動機械手臂使得安裝在手臂的 CCD 攝影機可以看見目標點（即教導位置點），並且由工業電腦擷取 CCD 攝影機的拍攝圖像，再以影像處理及分析技巧點選設定目標點的點位置。因此，待移動機械手臂到達不同目標點時，工業電腦可以擷取不同目標點的拍攝圖像，並且點選設定所有目標點的點位置。當所有目標點的點位置設定完成後，工業電腦內的操控軟體即可依照設定點位置的順序，連續地移動機械手臂經過或到達所有的目標點。然而，由目標點移動到另一目標點的過程，機械手臂移動的實際位置與目標點位置會有移動誤差，因此當機械手臂連續地移動時，工業電腦可連續紀錄機械手臂的移動誤差，並且產生移動誤差序列。然後控制系統依機械手臂連續移動所紀錄的移動誤差序列，應用反覆學習控制的演算法則，當機械手臂進行多次的連續目標點移動過程（即機械手臂教導對位的反覆學習過程），可以使得移動誤差序列內的位置誤差值，逐漸縮小至可接受的誤差範圍，結束機械手臂反覆學習影像控制的教導對位程序。

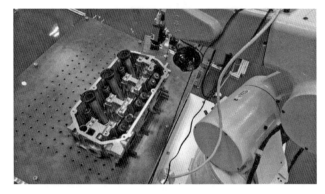

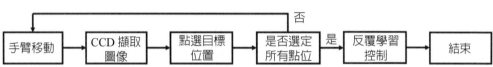

圖 1-18-3　機械手臂反覆學習影像控制系統

　　機械手臂反覆學習影像控制過程如圖 1-18-4 所示，控制目標是移動機械手臂使得 CCD 攝影機拍攝圖像的中心點位置（△三角形位置亦是機械手臂實際位置），可以正確地對位到圓孔中心的目標位置（○圓形位置）。機械手臂首先移動 CCD 攝影機到圖 1-18-4(a) 所示的拍攝圖像位置，由於此時目標位置並未位於圓孔中心，因此須以影像處理及分析技巧，點選設定圓孔中心為目標點位置，如圖 1-18-4(b) 所示。此時目標位置與圖像中心點位置有移動誤差，因此應用反覆學習控制，反覆地移動機械手臂進行學習控制過程，使得移動誤差逐漸縮小如圖 1-18-4(c) 所示，△三角形的圖像中心點位置完全疊合○圓形的目標位置，完成機械手臂的反覆學習影像控制過程。

(a) 初始影像畫面

圖像中心點
位置

目標位置

(b) 學習控制過程

(c) 學習控制結果

圖 1-18-4　機械手臂反覆學習影像控制過程

參考資料

1. G. Bradski, A. Kaehler (2008): Learning OpenCV: Computer Vision with the OpenCV Library, O'Reilly Media.

2. K.L. Moore (1993): Iterative Learning Control for Deterministic Systems, Springer.

3. M.W. Spong, S. Hutchinson, M. Vidyasagar (2006): Robot Modeling and Control, Wiley.

4. 王振興、江昭皚、陳世昌、黃漢邦（2001）：自動控制系統（第八版），東華書局股份有限公司。

1.19 ｜ 坦克車火炮台

　　裝置在坦克車並且用來發射炮彈射擊敵人的火炮台，稱之為坦克炮。由於敵人可能會隨機且快速地移動，因此坦克炮必須移動快速且具有較高的瞄準精確度，才能迅速殲滅敵人。為控制坦克炮的瞄準位置，如圖 1-19-1 所示，坦克炮通常有水平旋轉以及垂直旋轉兩種運動方式。因此，坦克炮的運動控制目標，在於以最快的速度移動砲口到瞄準位置，並且提升瞄準位置的精確度。

圖 1-19-1　坦克炮的運動方式

　　坦克炮要有良好的瞄準精確度，關鍵在於命令位置角度（即砲口瞄準位置）與

實際位置角度（即砲口實際位置）之間的誤差程度；坦克炮旋轉定位速度的快慢，關鍵則在於坦克炮運動控制系統是否可以執行較快的速度命令。圖 1-19-2 顯示坦克炮運動控制系統架構的主要部分有：控制器、坦克炮運動機構以及位置感測器等。控制器是指位置回授控制器，可以將坦克炮移動時命令位置與實際位置間的誤差值，進行適當調整以產生坦克炮運動機構移動時所需的速度命令。坦克炮運動機構主要是以馬達帶動火炮管以及承載火炮管的砲台，使得火炮管可以進行快速的水平旋轉運動以及垂直旋轉運動，用以快速地移動砲口。在坦克炮移動的過程，可以藉由位置感測器得知坦克炮實際的水平旋轉位置及垂直旋轉位置，作為回授控制使用。

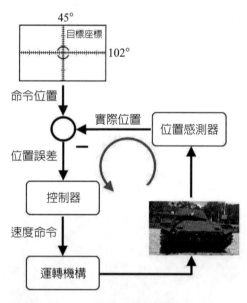

圖 1-19-2　坦克炮運動控制系統

坦克炮的運動控制系統如圖 1-19-2 所示，坦克車駕駛首先判斷並輸入敵人目標位置到控制器，作為坦克炮移動時的命令位置；接著，藉由位置感測器可以得知坦克炮的實際位置，待比較（相減運算）實際位置與命令位置後，控制系統可以得知坦克炮移動的位置誤差。位置誤差訊號作為控制器的輸入訊號，使得控制器可以

產生坦克炮移動時的速度命令；此時，坦克炮可以經由運動機構作不同速度的移動以修正位置誤差。當實際位置與命令位置差距越大，表示坦克炮的移動位置誤差較大，因此控制器會產生較高的坦克炮移動速度命令，促使坦克炮作較快速的移動以迅速降低位置誤差；然而，當坦克炮的實際位置與命令位置越接近，則表示坦克炮的移動位置誤差較小，控制器因此產生較小（或為零）的速度命令以減緩（或停止）坦克炮的移動。明顯地，坦克炮移動與位置誤差形成相互影響的因果關係，因此可建構如圖 1-19-2 所示的運動控制系統回授迴路。藉由運動控制系統不斷地快速調整坦克炮移動時的實際位置，使得坦克炮可以依照命令位置作正確且快速的移動。

　　如前所述，控制器的作用是產生坦克炮的移動速度命令，並藉此影響坦克炮移動以修正位置誤差。常見的控制器設計是比例調整控制器，可將位置誤差作比例放大或縮小的計算，並產生與位置誤差呈現等比例變化的速度命令。比例調整控制過程如圖 1-19-3 所示，坦克炮須由目前的 0mm 實際位置移動到 10mm 的目標位置，因此坦克炮的位置命令為 10mm。在此，設計比例調整控制器的位置誤差調整倍率為 0.5。運動控制系統被啟動後，由於坦克炮的實際位置為 0，且命令位置為 10，位置誤差值因此為 10，控制器所產生的坦克炮移動速度命令為 5（10 乘以 0.5），坦克炮運動機構此時接受速度命令而移動坦克炮到位置 3.8mm。當坦克炮運動控制系統進行接續的控制循環時，由於坦克炮的實際位置改變為 3.8，位置誤差值因此變更為 6.188，並且控制器產生的速度命令也變更為 3.1（6.188 乘以 0.5），這使得坦克炮運動機構移動坦克炮到位置 6.2mm。藉由運動控制系統的反覆調整與修正，坦克炮最終的實際位置可以到達 9.9mm，與目標位置僅有 0.1mm 的位置誤差。儘管如此，坦克炮由 0mm 的初始位置移動到 10 mm 的目標位置，其過程需耗時約 10 秒，可能尚無法追擊快速移動的射擊目標；此時，可以調高比例，調整控制器的位置誤差及調整倍率，以縮短坦克炮由初始位置移動到目標位置的過程時間，射擊快速移動之目標。

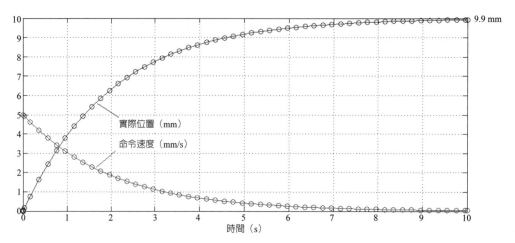

圖 1-19-3　控制系統速度命令與坦克炮位置

　　設計比例調整控制器作爲坦克炮的速度命令產生方式，通常會使得坦克炮無法準確地到達位置命令目標值，如前所述坦克炮最終的實際位置與目標位置有 0.1 mm 的位置誤差。此時，如果要完全消除坦克炮的最終位置誤差，可以設計比例累加調整控制器。控制器所產生的速度命令，不但可以隨著位置誤差作比例調整，並且可以累加過去已經發生的位置誤差值，產生額外的速度命令以修正微小的位置誤差。採用比例累加調整控制器的坦克炮運動控制系統執行過程如圖 1-19-4 所示，雖然坦克炮移動到目標位置的時間仍維持約 10 秒，但是坦克炮的最終實際位置與目標位置相同爲 10 mm，具有零位置誤差的準確程度。由此可知，如果要設計控制器使得坦克炮可以準確地追擊快速移動的射擊目標，就必須採用具有較大位置誤差調整倍率的比例累加調整控制器。其中，較大調整倍率的比例控制部分，可以加快坦克炮的移動速度；而累加控制部分，則可以修正坦克炮移動時的微小位置誤差，使得坦克炮移動更加準確。

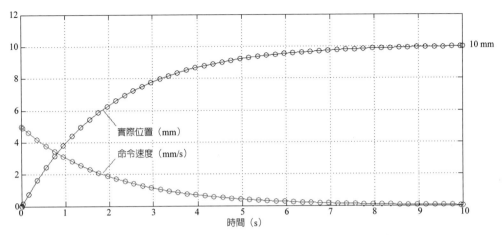

圖 1-19-4　比例累加調整控制系統速度命令與坦克炮位置

參考資料

1. 施慶隆、李文猶（2015）：機電整合控制：多軸運動設計與應用（第三版），全華科技圖書股份有限公司。
2. 張詠翔（2009）：世界戰車博物館圖鑑，楓書坊文化出版社。

1.20 ┃ 車床工具機

　　由於機械零件的製造效率及精度要求越來越高，加工方法及工具也開始有了極大的改變。車床工具機可以旋轉加工材料並且移動切削刀具，藉由刀具與材料間的相對運動，移除加工材料表層形成所要完成的工件幾何形狀，如圖 1-20-1 所示。顯然地，工件幾何形狀的正確程度取決於切削刀具相對於加工材料間運動的正確程度。車床工具機的刀具運動控制即在提升切削刀具運動的正確性，以確保完成工件的幾何形狀符合需求。

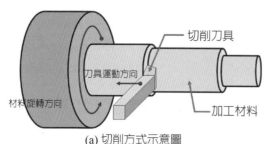

(a) 切削方式示意圖

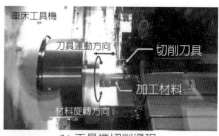

(b) 工具機切削過程

(c) 完成工件

圖 1-20-1　車床工具機的切削方式與完成工件的幾何形狀

　　圖 1-20-2 顯示車床工具機的刀具運動控制系統主要有：控制器、刀具運動機構、位置感測器。控制器主要作為車床工具機的刀具位置運動控制使用，可以參考刀具移動時的位置命令以及實際位置訊號，產生適當的控制指令以驅動刀具運動機構。刀具運動機構是車床工具機的主要機械結構，由驅動馬達傳動機械結構，其目的是鎖固並移動切削刀具到達目標位置，以進行機械零件的切削加工。位置感測器通常安裝在刀具運動機構的驅動馬達，可以感測馬達的旋轉角位移量，並且傳送該感測訊號到控制器，使得控制器可以計算切削刀具的實際移動位置，作為產生控制指令時的參考訊號。

　　控制器首先需要有參考的刀具位置命令作為輸入訊號，它的產生來自於工程師設計的工件幾何圖，也描述最後完成工件的幾何形狀。使用位置感測器可以得知車床工具機的刀具實際位置，並且將該感測實際位置與刀具位置命令相比較（相減），可產生刀具與材料間的相對運動位置誤差。將位置誤差經過控制器調整改變後，產生刀具運動的速度命令，使得刀具可以經由刀具運動機構作不同速度的改變，如圖 1-20-2 所示。當刀具實際位置較不同於刀具位置命令時，表示刀具與材

料間的相對運動位置誤差較大，因此控制器可以產生較大的刀具運動速度命令以促
使刀具作較快速的運動，並因此降低位置誤差；反之，當刀具實際位置與刀具位置
命令相當時，表示刀具與材料間的相對運動位置誤差較小，因此控制器產生較小
（或甚至爲零）的速度命令，使降低（或停止）刀具的運動。由於刀具運動與位置
誤差形成相互影響的因果關係，因此可建構控制系統的回授迴路。藉由刀具運動控
制系統不斷地反覆調整，可使得車床工具機的切削刀具沿著刀具位置命令作正確運
動，降低刀具與材料間的相對運動位置誤差，最終完成符合需求的加工件幾何形狀。

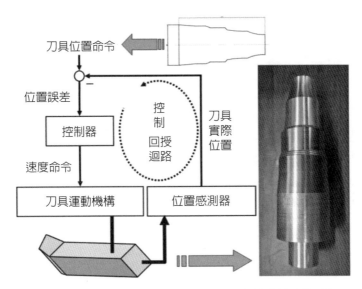

圖 1-20-2　切削刀具運動控制系統與控制回授迴路

　　如前所述，控制器的作用是將位置誤差調整改變後，作爲刀具運動的速度命
令，並因此影響刀具的運動結果。常見的比例調整控制器可將位置誤差作放大或
縮小的改變。舉例來說，由工件的幾何設計圖得知，爲完成工件的幾何形狀，切削
刀具須由目前的 0mm 位置移動到 10mm 的目標位置，因此刀具位置命令爲 10mm
並且刀具實際位置爲 0mm。在此，我們使用比例調整控制器的位置誤差調整倍率
爲 0.5。當刀具運動控制系統啓動後，由於刀具實際位置爲 0 並且刀具位置命令
爲 10，因此位置誤差值爲 10 並且控制器產生的刀具運動速度命令爲 5（10 乘以

0.5）。此時，刀具運動機構接受速度命令移動刀具到位置 3.812mm。當刀具運動
控制系統進行下一個控制循環時，由於刀具實際位置改變爲 3.812，因此位置誤
差值變更爲 6.188 並且控制器產生的速度命令亦變更爲 3.094（6.188 乘以 0.5），
使得刀具運動機構移動刀具到位置 6.171mm。最終，藉由刀具運動控制系統的反
覆調整與修正（完整過程如圖 1-20-3 所示），刀具實際位置可以到達 9.918mm，
並殘留 0.082mm 的位置誤差值。換言之，切削工件的最終尺寸與設計尺寸之間有
0.082mm 的幾何誤差。

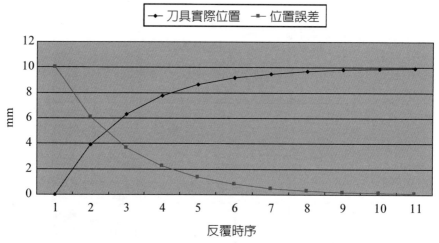

圖 1-20-3 控制系統可穩定地移動切削刀具到達目標位置

在比例調整控制器的設計中，放大位置誤差的調整倍率，由於可在短時間內加
快刀具運動的速度，因此可快速地降低位置誤差值。然而，過大的調整倍率卻可能
使得控制器過度反應位置誤差的變化，因而導致刀具運動的不穩定。舉例來說，切
削刀具須由 0 mm 位置移動到 10 mm 的目標位置，並且將位置誤差調整倍率設定
爲 3。啓動刀具運動控制系統，由於位置誤差值爲 10，控制器產生的刀具運動速
度命令爲 30（10 乘以 3）。此時，刀具運動機構接受較大的速度命令，快速移動
刀具到位置 30mm。然而，當下一個控制循環進行時，由於位置誤差值爲 −20（10
減 30），控制器產生的速度命令爲 −60（−20 乘以 3），使得刀具運動機構以更快

速度反向地移動刀具到位置 –30 mm，並因此造成 40mm（10 減 –30）的位置誤差。最終，如圖 1-20-4 所示刀具運動控制系統的過度修正導致位置誤差值不斷震盪並放大，刀具運動亦因此成為不穩定。顯然地，過大的調整倍率使得控制器產生過大的刀具運動速度命令，加快刀具運動速度的結果可能使得位置誤差修正過度，並因此再加大刀具運動的位置誤差。如此反覆的惡性循環會導致刀具運動的振動與不穩定，因此，比例調整控制器的調整倍率須謹慎設定。

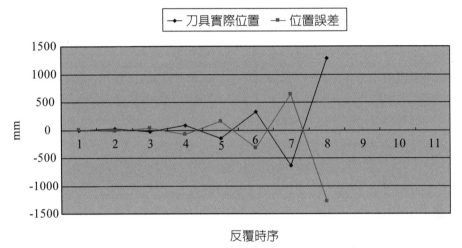

圖 1-20-4　過大的調整倍率導致刀具運動的振動與不穩定

參考資料

1. 王振興、江昭曄、陳世昌、黃漢邦（2001）：自動控制系統（第八版），東華書局股份有限公司。

2. 唐文聰（2004）：精密機械加工原理，全華科技圖書股份有限公司。

3. 賴耿陽（2003）：CNC 切削加工技術，復文圖書有限公司。

4. 梁順國（2011）：CNC 車床程式設計實務與檢定（第七版），全華科技圖書股份有限公司。

第2單元

控制系統設計
與分析基礎

2.1　控制設計與分析概述

　　自動控制系統的控制方法可以分為開迴路控制與閉迴路控制兩大類，若依其應用方式又可分為程序控制、順序控制、伺服控制等。然而，經由前述諸多介紹說明與應用範例可以得知，自動控制系統如須作業在更為精確的應用場合，特別是要更快速與更準確的伺服控制應用，則閉迴路控制為必要的選擇。參考控制系統架構圖得知控制系統的運作由預期目標（輸入）開始，依序經過控制方法與系統執行，最後產生實際的運作結果（輸出）。在此，閉迴路控制由於須將系統的實際運作結果返回傳遞且授予控制單元作為控制設計的參考，因此閉迴路控制亦稱為回授控制，其最顯著特徵是該類型的自動控制系統運作時具有至少一個封閉迴路；或者，當自動控制系統具有至少一個封閉迴路的運作方式時，該自動控制系統即可稱為閉迴路控制系統或回授控制系統。閉迴路控制由於須回授系統的實際運作結果作為設計參考，雖然可提供性能優異的自動控制結果，然而其設計方法較為複雜，且往往須事先瞭解系統的操作動態；也因此，性能優異的閉迴路控制設計，是指該閉迴路控制設計可使得系統的實際輸出具有穩定、快速、準確的操作特性，必須以詳實的數學理論分析為基礎。本章目標即是應用基本數學觀念，描述閉迴路控制系統設計的基礎概念與分析方法，使得讀者可預先建立閉迴路控制系統的設計概念，並作為深入自動控制系統設計的開端。本章包含以下主題：

1. 簡易的數學基礎：在自動控制系統的分析與設計過程中，微分方程式常用以描述系統的動態行為，因此亦稱為動態方程式。本節以二階常係數線性微分方程式與其特徵方程式解的形式為基礎，說明該特徵方程式的求解過程以及解的形式對微分方程式解的影響。由於微分方程式描述系統的動態行為，因此方程式的解表示該系統的輸出隨時間變化的情形。此外，本節將介紹特別的步階函數，由於該函數經常作為自動控制系統進行性能評估時的輸入函數，因此亦會說明當微分方程式的輸入函數（系統的輸入）為步階函數時，特徵方程式的解與微分方程式的解（系統的輸出）之間的關係。

2. 牛頓運動定律與力學系統模式化：設計自動控制系統之前，須先以物理定律

或法則模式化並分析受控制系統的動態行為，以數學方法建立該受控制系統的動態方程式。力學系統中，受控制系統是指具有質量的物體，並且模式化受控制系統經常以牛頓第二定律「運動定律」探討物體所受總和作用力與物體運動行為之間的動態關係。當空間中的質量物體受到外力作用時，會造成該物體在作用外力的方向產生加速度的運動狀態。並且，作用外力的大小會等於該物體的質量與運動加速度的乘積。由於是以質量物體的位置／速度／加速度物理量描述其運動行為，因此以數學方法建立的動態方程式通常是常係數線性微分方程式。

3. 力學系統輸出函數的評估方式：自動控制系統工程師們常以步階函數作為輸入函數，並以量化後的數值指標評估控制系統的執行性能，以科學方法得知控制系統對輸入函數變化的反應快慢程度，以及輸出函數最終到達參考目標值的接近程度。常用的控制系統執行性能評估指標有：輸出函數的上升時間值、延遲時間值、安定時間值、最大超越量與發生時間值，以及輸出函數的最終誤差值。本節主要介紹控制系統的評估方式與量化指標，可作為後續自動控制系統設計的評估參考。此外，由於特徵方程式的根值與微分方程式的解密切相關，本節亦說明特徵方程式根值型態與評估指標間的關係。

4. 控制設計對系統輸出的影響：力學系統的動態方程式描述該力學系統的固有特性，因此若力學系統以步階函數作為輸入，則該力學系統的輸出亦將呈現固有的評估指標值。閉迴路控制系統設計的基本觀念，即參考力學系統的實際輸出，設計適當的輸入函數以改變輸出函數隨時間的變化特性，使閉迴路控制力學系統達到設計目標所表示的量化評估指標值。因此，本節主要說明受控制系統的輸入函數設計方式，說明控制系統設計如何影響受控制系統的輸出，並介紹控制系統常用的圖示符號，以方塊圖描述設計的控制系統架構。

5. 控制參數的設計概念：由於控制參數顯著地影響控制系統輸出函數的時間變化特性，亦因此影響控制系統輸出函數的量化評估指標值。經由前述章節可知，閉迴路控制系統所建立的系統動態方程式，其微分項係數或特徵方程式係數與控制參數有密切關係，調整控制參數值可以改變特徵方程式的根值形式，使得控制系統輸出函數具有適當的量化評估指標值。因此，本節將介紹

控制參數對特徵方程式根值形式的影響，並且說明如何建立控制參數與量化評估指標值之間的關係，最後結論閉迴路控制系統控制參數的設計方法與步驟。

6. 回授控制系統設計範例：本節以簡易的力學系統說明閉迴路控制系統的設計過程與控制參數的設計方法，使讀者們可融會貫通本書所敘述的閉迴路控制系統設計方法與步驟。

7. 自動控制系統的進階課題：主要敘述自動控制系統的基礎概念，以簡易的數學方式描述閉迴路控制系統的設計方法與步驟，可使得即將學習自動控制系統設計的讀者們建立未來學習的基礎，理解閉迴路控制系統須以詳實且嚴謹的理論分析過程為基礎的設計概念，亦可作為自動控制系統設計初入門者的學習參考。然而，實際系統的特性往往更加複雜，以本章所敘述的基礎概念可能無法完整地克服閉迴路控制系統設計時面臨的問題。因此，本章最後以自動控制系統的進階課題，概略地描述實際系統的特性與常用的控制方法，讀者們可因此預先得知未來控制系統設計的學習路程並提前規劃。

2.2 │ 簡易的數學基礎：二階常係數線性微分方程式與解的形式

二階常係數線性微分方程式通常具有式（2-1）所表示的方程式形式：

$$a\frac{d^2y(t)}{dt^2} + b\frac{dy(t)}{dt} + cy(t) = u(t) \qquad (2\text{-}1)$$

其中，微分項係數 $\{a, b, c\}$ 皆為常數，未定函數 $y(t)$ 表示自變數 t 與因變數 y 的函數關係，已知函數 $u(t)$ 可為自變數 t 的任意函數形式。二階常係數線性微分方程式的求解過程，意指獲得函數 $y(t)$ 並滿足式（2-1）所表示的等式關係。顯然地，方程式的解 $y(t)$ 與已知函數 $u(t)$ 具有高度的關連性。在自動控制系統的分析與設計過程中，微分方程式常用以描述物理系統的動態行為，因此亦稱為動態方程式。方程

式的自變數 t 表示系統運作時的時間變數，方程式的解 y(t) 則表示該物理系統的輸出 y 隨時間 t 變化的函數，已知函數 u(t) 則表示該物理系統的輸入 u 隨時間 t 變化的函數。此外，工程師們亦常會使用式（2-2）所表示的已知函數作為系統分析與設計時的參考輸入：

$$u(t) = \begin{cases} 0, & t < t_0 \\ 1, & t \geq t_0 \end{cases} \qquad （2-2）$$

式（2-2）所示的函數描述：在時間的軸線上，當時間變數 t 大於且等於初始時間 t_0 時，函數 u(t) 的數值皆為 1；反之，當時間變數 t 小於初始時間 t_0 時，函數 u(t) 的數值皆為 0。圖 2-2-1 描述該輸入函數 u 隨著時間變數 t 變化的情形，由於該函數的圖形狀似步行台階，因此亦稱為步階函數。

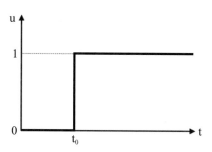

圖 2-2-1　式（2-2）所示輸入函數 u 隨時間 t 的變化圖

如前所述，二階常係數線性微分方程式（2-1）的解函數 y(t) 必須滿足式（2-1）所表示的等式關係。並且，該方程式求解的方式不但與已知函數 u(t) 有關，亦與特徵方程式的根有關。特徵方程式是指由微分方程式所衍伸用以輔助求解過程的輔助方程式，在此，式（2-1）所表示微分方程式的特徵方程式如式（2-3）所示：

$$as^2 + bs + c = 0 \qquad （2-3）$$

自動控制系統基礎與應用

顯然地，該特徵方程式具有簡單的代數方程式形式。其中，方程式係數 {a, b, c} 皆為已知常數，s 表示該方程式的未知變數。由於式（2-3）所示特徵方程式為一元二次代數方程式，其方程式的根可依係數 {a, b, c} 而具有三種形式：簡單根、重根、複數根。簡單根表示特徵方程式的根為兩個不同的實數；重根表示特徵方程式具有相同的實數根；複數根則表示特徵方程式的根為複數，根的型態同時具有實部與虛部，並且根彼此為共軛複數。假設 s_r^1 與 s_r^2 分別表示特徵方程式的兩個根，根的形式分別可表示為：

1. 簡單根：$s_r^1 = \sigma_1$ 與 $s_r^2 = \sigma_2$，其中 σ_1 與 σ_2 皆為實數，並且 σ_1 不等於 σ_2（$\sigma_1 \neq \sigma_2$）。

2. 重根：$s_r^1 = \sigma_1$ 與 $s_r^2 = \sigma_2$，其中 σ 為實數。

3. 複數根：$s_r^1 = \sigma + \omega i$ 與 $s_r^2 = \sigma - \omega i$，其中 σ 為實數且稱之為該複數根的實部，ω 亦為實數但稱之為該複數根的虛部。

若定義平面的橫軸為實軸、縱軸為虛軸，即可以建構複數平面。並且，可表示特徵方程式根的形式如圖 2-2-2 所示：

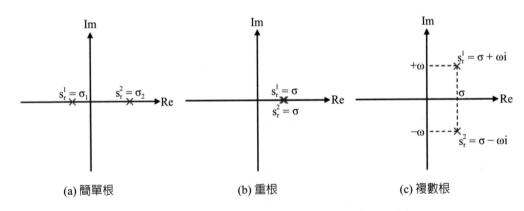

(a) 簡單根　　　　　(b) 重根　　　　　(c) 複數根

圖 2-2-2　式（2-3）所示特徵方程式根的形式圖

由於式（2-3）所示特徵方程式的根對式（2-1）所示二階常係數線性微分方程式的解 y(t) 有深切的影響，以下各別說明：當微分方程式的輸入函數 u(t) 為式（2-2）所示的步階函數時，式（2-3）所示特徵方程式的根 (s_r^1, s_r^2) 與微分方程式的解 y(t)

間的關係。

2.2.1　特徵方程式具有簡單根的解

當式（2-3）所示特徵方程式具有簡單根 $s_r^1 = \sigma_1 \neq 0$ 與 $s_r^2 = \sigma_2 \neq 0$，其根值 σ_1 與 σ_2 可如式（2-4）所示：

$$(\sigma_1, \sigma_2) = \frac{-b \pm \sqrt{b^2 - 4ac}}{2a}, \; b^2 - 4ac > 0 \qquad (2\text{-}4)$$

並且，式（2-1）所示二階常係數線性微分方程式，以式（2-2）所示步階函數作爲輸入函數 u(t) 時，微分方程式的解 y(t) 可如式（2-5）所示：

$$y(t) = \begin{cases} 0 & , \quad t < t_0 \\ \dfrac{1}{a}\left[\dfrac{1}{\sigma_1(\sigma_1 - \sigma_2)}e^{\sigma_1(t-t_0)} + \dfrac{1}{\sigma_2(\sigma_2 - \sigma_1)}e^{\sigma_2(t-t_0)} + \dfrac{1}{\sigma_1\sigma_2}\right] & , \quad t \geq t_0 \end{cases}, \qquad (2\text{-}5)$$

圖 2-2-3 表示特徵方程式根值 (σ_1, σ_2) 與微分方程式解 y(t) 的相互對應關係。顯然地，微分方程式解 y(t) 以指數函數的形式隨著時間增加而有不同的發展。式（2-5）與圖 2-2-3 皆清楚表示，特徵方程式根值 (σ_1, σ_2) 存在正根值時，微分方程式解 y(t) 的值將會隨著時間的增加而無限制的上升。並且，當 (σ_1, σ_2) 皆爲負根值時，y(t) 值將會到達定值 $\dfrac{1}{a\sigma_1\sigma_2}$。由此可知，微分方程式的解 y(t) 若要限制在某固定值，特徵方程式的根值 (σ_1, σ_2) 必須同時爲負根值。圖 2-2-4 進一步表示特徵方程式負根值的相對大小對微分方程式解的影響。爲便於解說，圖 2-2-4 所示的設定值 a 爲 $\dfrac{1}{\sigma_1\sigma_2}$，y(t) 值亦將因此到達固定值 1。與原設定值 $(\sigma_1 = -1; \sigma_2 = -2)$ 相比較，將特徵方程式負根值之一往負方向增加 $(\sigma_1 = -1; \sigma_2 = -20)$，微分方程式解 y(t) 到達固定值 1 的時間會略爲變短。然而，若同時將特徵方程式負根值往負方向增加 $(\sigma_1 = -10; \sigma_2 =$

–20)，則微分方程式解 y(t) 會以更短的時間到達固定值 1。由此可知，微分方程式的解 y(t) 若要以較短的時間到達某固定值，特徵方程式必須同時具有較負的根值。

當式（2-3）所示特徵方程式的根值之一為零，例如 $s_r^1 = \sigma_1 \neq 0$ 與 $s_r^2 = 0$，則式（2-1）所示微分方程式的解 y(t) 可如式（2-6）所示：

$$y(t) = \begin{cases} 0 & , \quad t < t_0 \\ \dfrac{1}{a}\left[\dfrac{1}{\sigma_1^2} e^{\sigma_1(t-t_0)} - \dfrac{1}{\sigma_1}(t - t_0)\dfrac{1}{\sigma_1^2} \right] & , \quad t \geq t_0 \end{cases} \tag{2-6}$$

圖 2-2-5 表示特徵方程式根值與微分方程式解的相互對應關係。顯然地，式（2-6）與圖 2-2-5 皆清楚表示，無論特徵方程式的根值 σ_1 為正值或負值，微分方程式的解 y(t) 皆會隨著時間增加而無限制上升。類似的解形式亦發生於特徵方程式的根值皆為零值的情況，即 $s_r^1 = 0$ 且 $s_r^2 = 0$，則式（2-1）所示微分方程式的解 y(t) 可如式（2-7）所示：

$$y(t) = \begin{cases} 0 & , \quad t < t_0 \\ \dfrac{1}{a}\left[\dfrac{1}{2}(t - t_0)^2 \right] & , \quad t \geq t_0 \end{cases} \tag{2-7}$$

圖 2-2-6 說明式（2-7）微分方程式解 y(t) 隨著時間增加而無限制上升。

微分方程式解 y(t) 曲線	根值型態	圖例設定值（$t_0 = 1$ 秒）
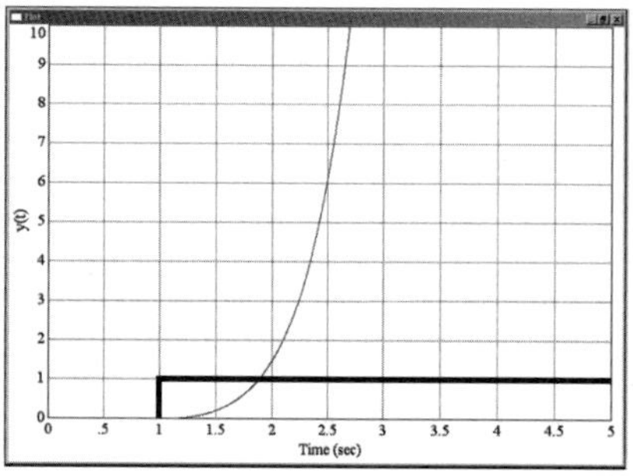	$\sigma_1 > 0$ $\sigma_2 > 0$	$\sigma_1 = 1$ $\sigma_2 = 2$ $a = 1$ $b = -3$ $c = 2$
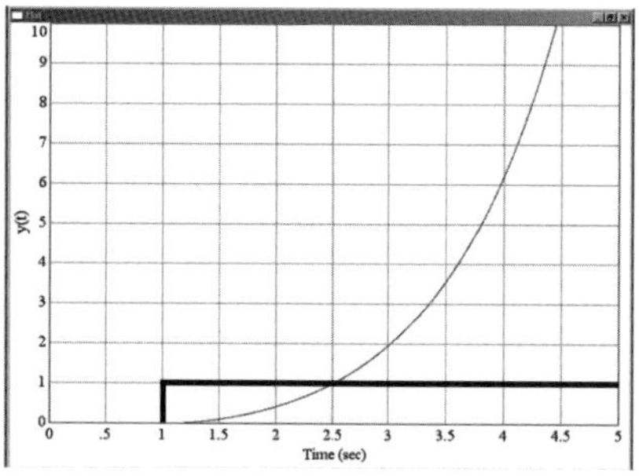	$\sigma_1 > 0$ $\sigma_2 < 0$	$\sigma_1 = 1$ $\sigma_2 = -2$ $a = 1$ $b = 1$ $c = -2$
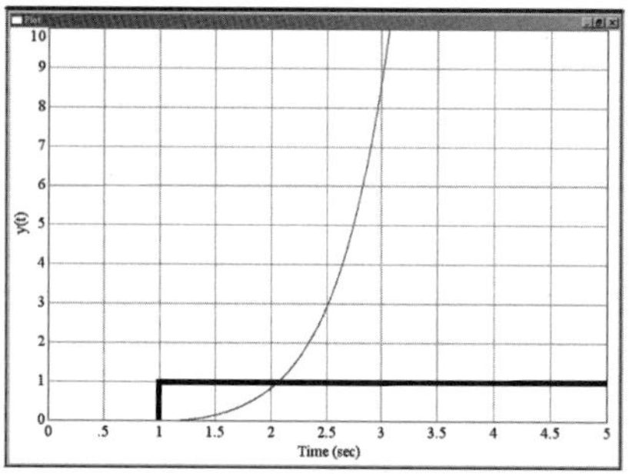	$\sigma_1 < 0$ $\sigma_2 > 0$	$\sigma_1 = -1$ $\sigma_2 = 2$ $a = 1$ $b = -1$ $c = -2$
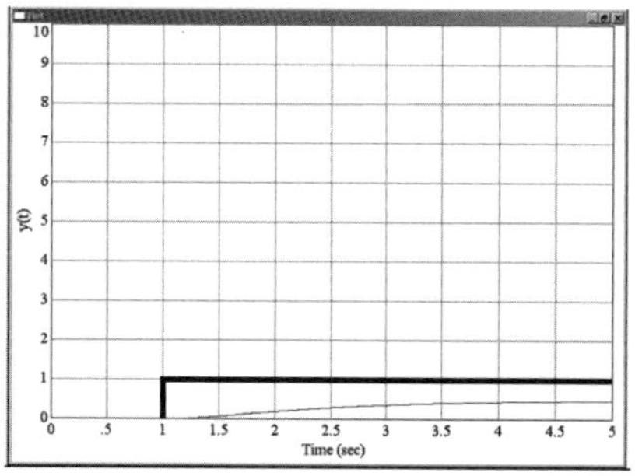	$\sigma_1 < 0$ $\sigma_2 < 0$	$\sigma_1 = -1$ $\sigma_2 = -2$ $a = 1$ $b = 3$ $c = 2$

圖 2-2-3　特徵方程式根值與微分方程式解的對應圖

微分方程式解 y(t) 曲線	根值型態	圖例設定值（$t_0 = 1$ 秒）
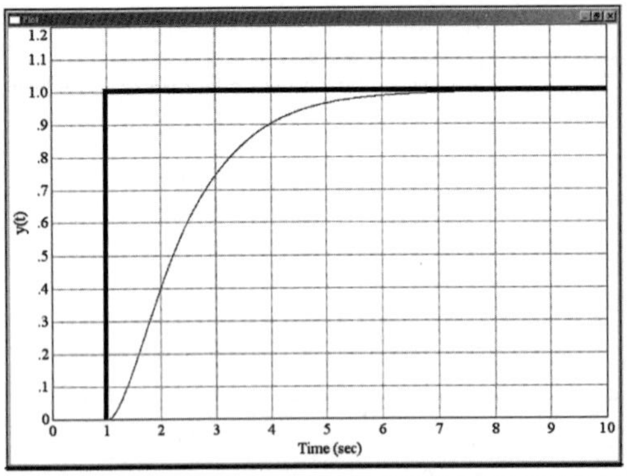	$\sigma_1 < 0$ $\sigma_2 < 0$	$\sigma_1 = -1$ $\sigma_2 = -2$ $a = 0.5$ $b = 1.5$ $c = 1$
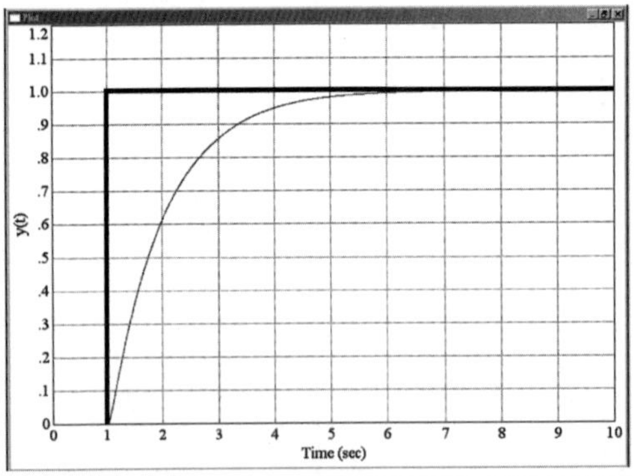	$\sigma_1 < 0$ $\sigma_2 < 0$	$\sigma_1 = -1$ $\sigma_2 = -20$ $a = 0.05$ $b = 1.05$ $c = 1$
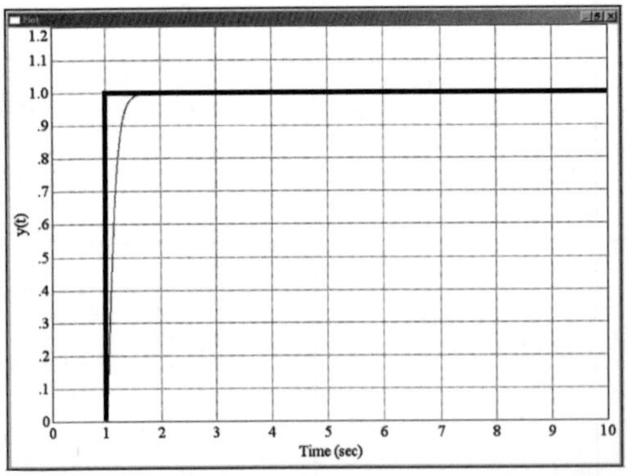	$\sigma_1 < 0$ $\sigma_2 < 0$	$\sigma_1 = -10$ $\sigma_2 = -20$ $a = 0.005$ $b = 0.15$ $c = 1$

圖 2-2-4　**特徵方程式負根值對解的影響**（$a = \dfrac{1}{\sigma_1 \sigma_2}$）

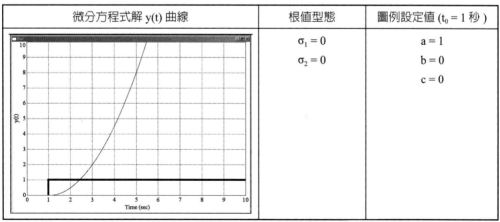

微分方程式解 y(t) 曲線	根值型態	圖例設定值 ($t_0 = 1$ 秒)
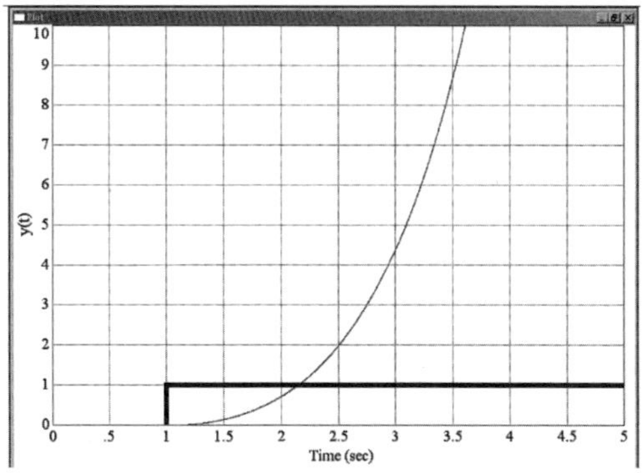	$\sigma_1 > 0$	$\sigma_1 = 1$ $a = 1$ $b = -1$ $c = 0$
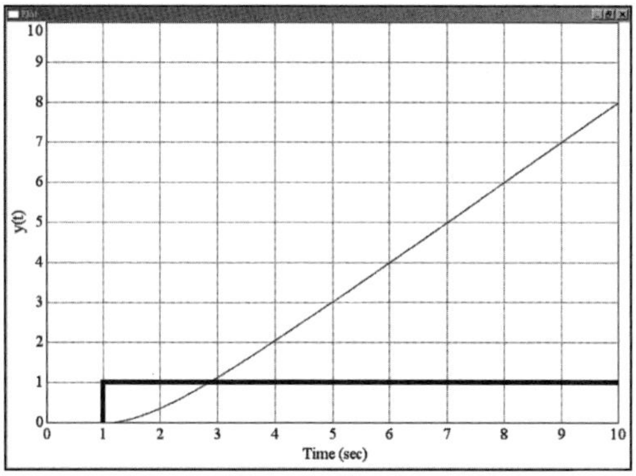	$\sigma_1 < 0$	$\sigma_1 = -1$ $a = 1$ $b = 1$ $c = 0$

圖 2-2-5　特徵方程式根值與微分方程式解的對應圖

微分方程式解 y(t) 曲線	根值型態	圖例設定值 ($t_0 = 1$ 秒)
	$\sigma_1 = 0$ $\sigma_2 = 0$	$a = 1$ $b = 0$ $c = 0$

圖 2-2-6　特徵方程式根值與微分方程式解的對應圖

2.2.2　特徵方程式具有重根的解

當特徵方程式具有重根解 $s_r^1 = s_r^2 = \sigma$；其根值 σ 可如式（2-8）所示：

$$\sigma = \frac{-b}{2a} \qquad\qquad (2\text{-}8)$$

微分方程式以步階函數作為輸入函數 $u(t)$ 時，方程式的解 $y(t)$ 可表示如式（2-9）：

$$y(t) = \begin{cases} 0 & , \quad t < t_0 \\ \dfrac{1}{a}\left[\dfrac{1}{\sigma}\left(t - t_0\right)e^{\sigma(t-t_0)} - \dfrac{1}{\sigma^2}e^{\sigma(t-t_0)} + \dfrac{1}{\sigma^2}\right] & , \quad t \geq t_0 \end{cases} \qquad (2\text{-}9)$$

圖 2-2-7 表示特徵方程式根值 σ 與微分方程式解 $y(t)$ 的相互對應關係。顯然地，式（2-9）與圖 2-2-7 皆清楚表示，當根值 σ 為正根值，方程式解 $y(t)$ 的值將會隨著時間增加而無限制上升，當根值 σ 越大，方程式解 $y(t)$ 的值增加越快。然而，當根值 σ 為負根值時，$y(t)$ 值將會收斂到達定值 $\dfrac{1}{a\sigma^2}$，當根值 σ 越小，$y(t)$ 的值會越快到達收斂值 $\dfrac{1}{a\sigma^2}$。因此，若要限制微分方程式的解 $y(t)$ 在某固定值，特徵方程式的根值 σ 必須為負根值。為了說明特徵方程式負根值的大小對微分方程式解的影響，設定值 a 為 $\dfrac{1}{\sigma^2}$ 使 $y(t)$ 到達定值 1，如圖 2-2-8 所示。圖 2-2-8 顯示特徵方程式的負根值影響微分方程式的解 $y(t)$ 到達固定值 1 的時間。與原設定值（$\sigma = -1$）相比較，當負根值往負方向增加（$\sigma = -5$；$\sigma = -10$），則微分方程式解 $y(t)$ 到達值 1 的時間會明顯縮短。若負根值越往負方向增加（$\sigma = -10$），則解 $y(t)$ 越快到達值 1。因此，若要使微分方程式的解 $y(t)$ 以較短的時間到達某固定值，特徵方程式的重根解必須具有較負的根值。

微分方程式解 y(t) 曲線	根值型態	圖例設定值（$t_0 = 1$ 秒）
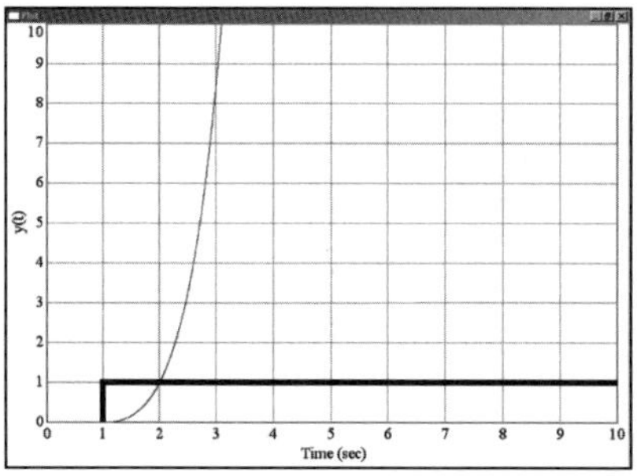	$\sigma > 0$	$\sigma = 1$ $a = 1$ $b = -2$ $c = 1$
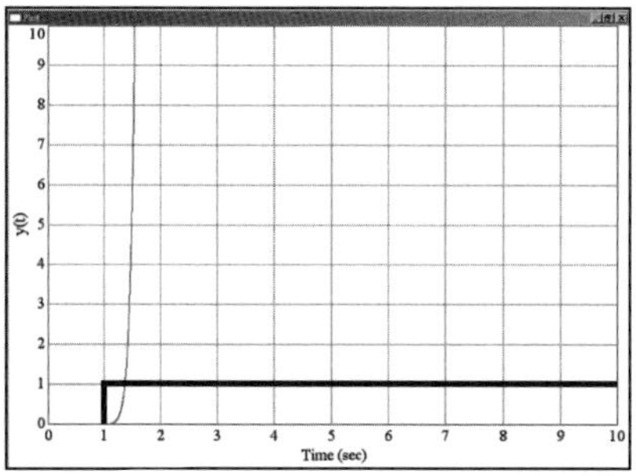	$\sigma > 0$	$\sigma = 10$ $a = 1$ $b = -20$ $c = 100$
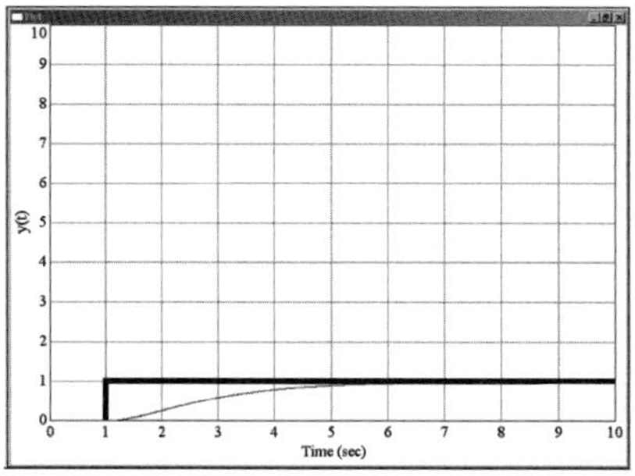	$\sigma < 0$	$\sigma = -1$ $a = 1$ $b = 2$ $c = 1$
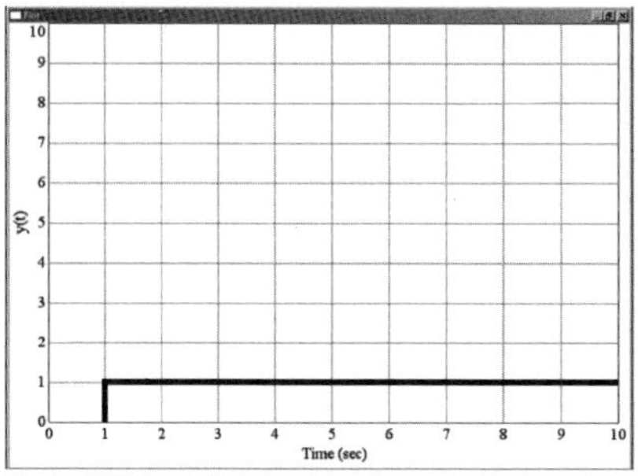	$\sigma < 0$	$\sigma = -10$ $a = 1$ $b = 20$ $c = 100$

圖 2-2-7　特徵方程式根值與微分方程式解的對應圖

微分方程式解 y(t) 曲線	根值型態	圖例設定值（$t_0 = 1$ 秒）
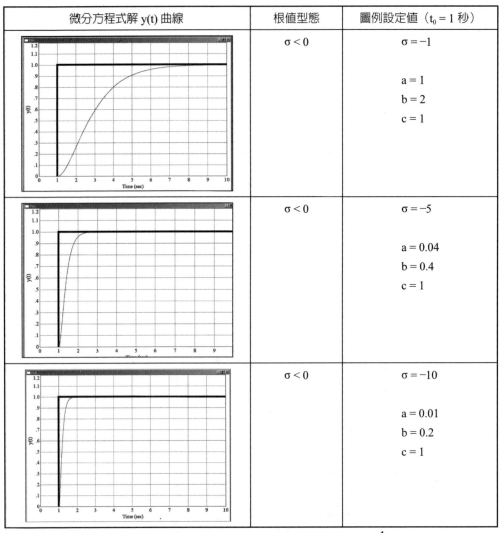	$\sigma < 0$	$\sigma = -1$ $a = 1$ $b = 2$ $c = 1$
	$\sigma < 0$	$\sigma = -5$ $a = 0.04$ $b = 0.4$ $c = 1$
	$\sigma < 0$	$\sigma = -10$ $a = 0.01$ $b = 0.2$ $c = 1$

圖 2-2-8　特徵方程式負根值對解的影響（$a = \dfrac{1}{\sigma^2}$）

2.2.3　特徵方程式具有複數根的解

式（2-3）所示特徵方程式具有複數根 $s_r^1 = \sigma + \omega i$ 與 $s_r^2 = \sigma - \omega i$。其中，複數根實部 σ 與複數根虛部 ω 如式（2-10）所示：

$$\sigma = \frac{-b}{2a}$$

$$\omega = \frac{\sqrt{4ac - b^2}}{2a} \, , \, 4ac - b^2 > 0 \qquad （2\text{-}10）$$

並且，以步階函數爲輸入函數 u(t) 時，微分方程式的解 y(t) 可如式（2-11）所示：

$$y(t) = \begin{cases} 0 & , \quad t < t_0 \\ \dfrac{1}{c}\left[1 - \dfrac{1}{\sqrt{1 - \dfrac{b^2}{4ac}}} e^{\sigma(t - t_0)} \sin\left(\omega(t - t_0) + \cos^{-1}\left(\dfrac{b}{2\sqrt{ac}}\right)\right)\right], & t \geq t_0 \end{cases} \qquad （2\text{-}11）$$

圖 2-2-9 顯示特徵方程式根值 $(\sigma + \omega i, \sigma - \omega i)$ 與微分方程式解 y(t) 的相互對應關係。由式（2-11）與圖 2-2-9 可知，特徵方程式的複數根值具有正實部時（$\sigma > 0$），解 y(t) 的值會持續地震盪（震盪頻率爲 $\dfrac{\omega}{2\pi}$），並且其震幅會隨著時間增加而無限制上升；然而，當複數根值具有負實部時（$\sigma < 0$），y(t) 值會經過短暫時間的震盪後（震盪頻率亦爲 $\dfrac{\omega}{2\pi}$），其震幅會隨著時間增加而降低，並最終到達定值 $\dfrac{1}{c}$。較爲特別地，當特徵方程式的複數根值具有零值的實部時（$\sigma = 0$），解 y(t) 的值會持續地震盪（震盪頻率爲 $\dfrac{\omega}{2\pi}$），其振幅既不會隨著時間增加而無限制上升，亦不會隨著時間增加而到達定值，因此該現象表示微分方程式解的臨界狀態。由此可知，微分方程式的解 y(t) 若要限制在某固定值，特徵方程式的複數根值必須具有負實部。並且，解 y(t) 會經過短暫的震盪過程，震盪頻率爲 $\dfrac{\omega}{2\pi}$。圖 2-2-10 比較特徵方程式複數根值負實部對微分方程式解的影響，其中，設定值 a 與 b 設計使複數根虛部 ω 值爲 3（$\omega = 3$），並且設定值 c 爲 1，使 y(t) 值最終可因此到達固定值 1。由圖 2-2-10 可明顯地得知，當特徵方程式複數根實部往負方向增加時，微分方程式解 y(t) 到達固定值 1 的時間會越爲縮短，且震盪振幅亦會越爲降低。然而，由於複數根虛部 ω 值保持爲 3，解 y(t) 的震盪頻率皆爲 $\dfrac{3}{2\pi}$。因此，微分方程式的解 y(t) 若

要以較短的時間與較小的震盪振幅到達某固定值，特徵方程式的複數根值必須具有較負的實部。圖 2-2-11 進而比較複數根值虛部對解的影響，其中，設定值 (a, b, c) 設計使實部 σ 值為 −1（σ = −1），且 y(t) 值最終可達固定值 1。明顯地，當虛部值提升時，由於實部 σ 值保持為 −1，解 y(t) 到達最終固定值 1 的時間較不受影響。然而，由於虛部 ω 值增加，解 y(t) 的震盪頻率亦因此而增加，震盪振幅亦會相對地提高。由此可知，若要使微分方程式的解 y(t) 以較低的震盪頻率與較小的震盪振幅到達最終定值，特徵方程式的複數根值必須具有較小的虛部值。

微分方程式解 y(t) 曲線	根值型態	圖例設定值（$t_0 = 1$ 秒）
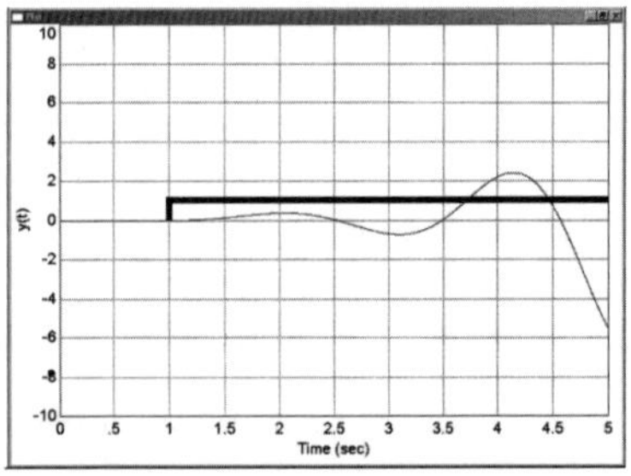	$\sigma > 0$	$\sigma = 1$ $\omega = 3$ $a = 1$ $b = -2$ $c = 10$
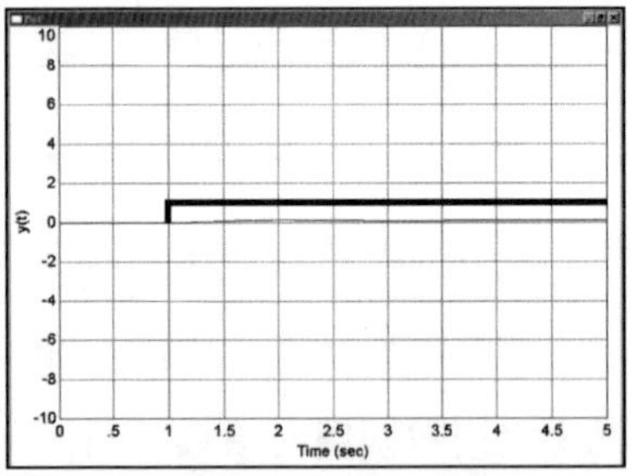	$\sigma < 0$	$\sigma = -1$ $\omega = 3$ $a = 1$ $b = 2$ $c = 10$
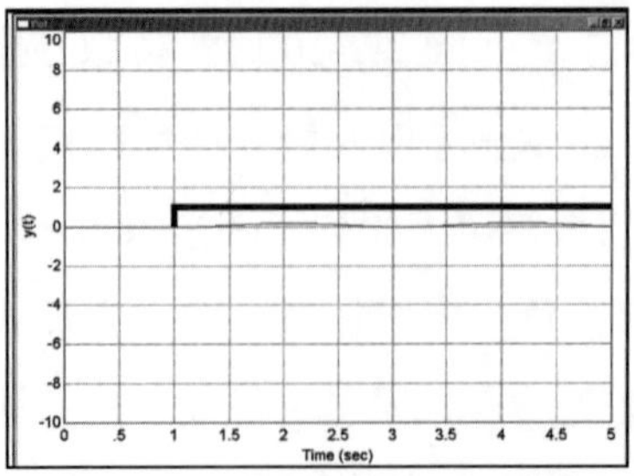	$\sigma = 0$	$\sigma = 0$ $\omega = 3$ $a = \dfrac{10}{9}$ $b = 0$ $c = 10$

圖 2-2-9　特徵方程式根值與微分方程式解的對應圖

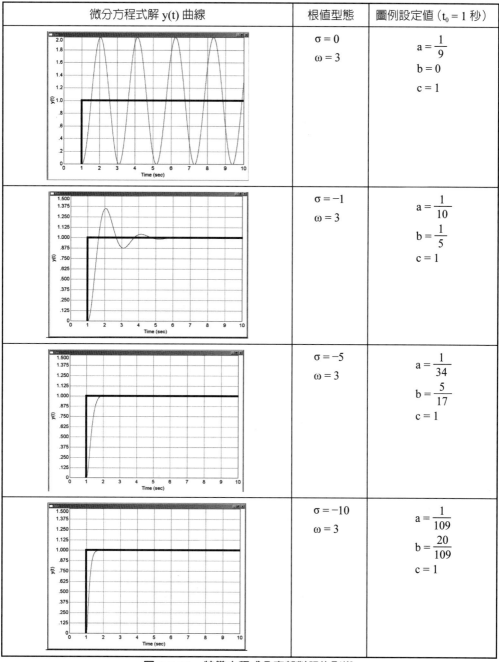

微分方程式解 y(t) 曲線	根值型態	圖例設定值（$t_0 = 1$ 秒）
	$\sigma = 0$ $\omega = 3$	$a = \dfrac{1}{9}$ $b = 0$ $c = 1$
	$\sigma = -1$ $\omega = 3$	$a = \dfrac{1}{10}$ $b = \dfrac{1}{5}$ $c = 1$
	$\sigma = -5$ $\omega = 3$	$a = \dfrac{1}{34}$ $b = \dfrac{5}{17}$ $c = 1$
	$\sigma = -10$ $\omega = 3$	$a = \dfrac{1}{109}$ $b = \dfrac{20}{109}$ $c = 1$

圖 2-2-10　特徵方程式負實部對解的影響

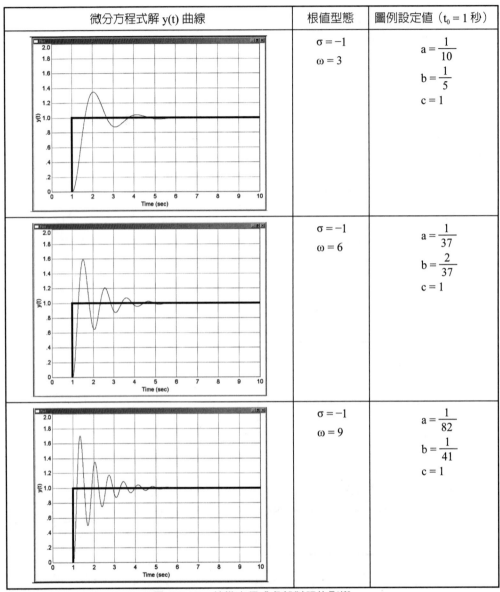

微分方程式解 y(t) 曲線	根值型態	圖例設定值（$t_0 = 1$ 秒）
	$\sigma = -1$ $\omega = 3$	$a = \dfrac{1}{10}$ $b = \dfrac{1}{5}$ $c = 1$
	$\sigma = -1$ $\omega = 6$	$a = \dfrac{1}{37}$ $b = \dfrac{2}{37}$ $c = 1$
	$\sigma = -1$ $\omega = 9$	$a = \dfrac{1}{82}$ $b = \dfrac{1}{41}$ $c = 1$

圖 2-2-11　特徵方程式虛部對解的影響

2.2.4　本章重點回顧

1. 二階常係數線性微分方程式 $a\dfrac{d^2y(t)}{dt^2} + b\dfrac{dy(t)}{dt} + cy(t) = u(t)$。其中，係數 $\{a, b, c\}$ 皆爲常數，函數 $y(t)$ 爲方程式的解，函數 $u(t)$ 爲已知輸入函數。

2. 已知輸入函數 $u(t) = \begin{cases} 0, & t < t_0 \\ 1, & t \geq t_0 \end{cases}$ 亦稱爲步階函數。其中，t_0 表示初始時間，並且該函數隨著時間變數 t 變化的圖形：

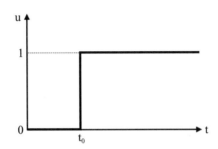

3. 特徵方程式是指由微分方程式衍伸並用以輔助求解的輔助方程式，二階常係數線性微分方程式 $a\dfrac{d^2y(t)}{dt^2} + b\dfrac{dy(t)}{dt} + cy(t) = u(t)$ 的特徵方程式爲 $as^2 + bs + c = 0$。

4. 特徵方程式 $as^2 + bs + c = 0$ 的根可依係數 $\{a, b, c\}$ 而具有三種形式：簡單根、重根、複數根。

5. 簡單根表示特徵方程式的根爲兩個不同的實數；重根表示特徵方程式的根值爲相同的實數根；複數根則表示特徵方程式的根爲具有實部與虛部的共軛複數。

6. 定義複數平面的橫軸爲實軸且縱軸爲虛軸，則特徵方程式的根值形式可在複數平面表示爲：

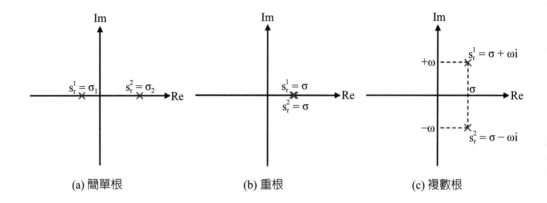

(a) 簡單根　　　　　　　(b) 重根　　　　　　　(c) 複數根

7. 當特徵方程式具有簡單根 $s_r^1 = \sigma_1 \neq 0$ 與 $s_r^2 = \sigma_2 \neq 0$，二階常係數線性微分方程式 $a\dfrac{d^2y(t)}{dt^2} + b\dfrac{dy(t)}{dt} + cy(t) = u(t)$ 以步階函數作爲輸入函數 $u(t)$ 時，方程式解 $y(t)$ 爲：

$$y(t) = \begin{cases} 0 & , \quad t < t_0 \\ \dfrac{1}{a}\left[\dfrac{1}{\sigma_1(\sigma_1 - \sigma_2)}e^{\sigma_1(t-t_0)} + \dfrac{1}{\sigma_2(\sigma_2 - \sigma_1)}e^{\sigma_2(t-t_0)} + \dfrac{1}{\sigma_1\sigma_2} \right] & , \quad t \geq t_0 \end{cases}$$

8. 當特徵方程式具有簡單根且存在正根值時，微分方程式的解將會隨著時間的增加而無限制地上升；當特徵方程式的簡單根皆爲負根值時，微分方程式的解則會隨著時間的增加而到達最終定值。

9. 當特徵方程式的負根值皆同時往負方向增加，微分方程式的解到達最終定值的時間會明顯地變短。

10. 當特徵方程式具有簡單根 $s_r^1 = \sigma_1 \neq 0$ 與 $s_r^2 = \sigma_2 \neq 0$，二階常係數線性微分方程式以步階函數作爲輸入函數時，方程式解 $y(t)$ 爲：

$$y(t) = \begin{cases} 0 & , \quad t < t_0 \\ \dfrac{1}{a}\left[\dfrac{1}{\sigma_1^2}e^{\sigma_1(t-t_0)} - \dfrac{1}{\sigma_1}(t-t_0)\dfrac{1}{\sigma_1^2} \right] & , \quad t \geq t_0 \end{cases}$$

此時，無論特徵方程式的根值爲正值或負值，微分方程式的解皆會隨著時間增加而無限制地上升。

11. 當特徵方程式具有重根 $s_r^1 = s_r^2 = \sigma$，二階常係數線性微分方程式以步階函數作爲輸

入函數時，方程式解 $y(t)$ 為：

$$y(t) = \begin{cases} 0 & , \quad t < t_0 \\ \dfrac{1}{a}\left[\dfrac{1}{\sigma}\left(t - t_0\right) e^{\sigma(t-t_0)} - \dfrac{1}{\sigma^2} e^{\sigma(t-t_0)} + \dfrac{1}{\sigma^2} \right], & \quad t \ge t_0 \end{cases}$$

12. 當特徵方程式具有正重根值時，微分方程式的解亦會隨著時間的增加而無限制地上升；然而，當特徵方程式具有負重根值時，微分方程式的解則會隨著時間的增加而到達最終定值，越小的重根值會使得到達最終定值的時間越短。

13. 當特徵方程式具有重根 $s_r^1 = s_r^2 = \sigma = 0$；二階常係數線性微分方程式以步階函數作為輸入函數時，方程式解 $y(t)$ 為：

$$y(t) = \begin{cases} 0 & , \quad t < t_0 \\ \dfrac{1}{a}\left[\dfrac{1}{2}\left(t - t_0\right)^2 \right], & \quad t \ge t_0 \end{cases}$$

顯然地，此時微分方程式的解會隨著時間增加而無限制地上升。

14. 當特徵方程式具有共軛複數根 $s_r^1 = \sigma + \omega i$ 與 $s_r^2 = \sigma - \omega i$，二階常係數線性微分方程式以步階函數作為輸入函數時，方程式解 $y(t)$ 為：

$$y(t) = \begin{cases} 0 & , \quad t < t_0 \\ \dfrac{1}{c}\left[1 - \dfrac{1}{\sqrt{1 - \dfrac{b^2}{4ac}}} e^{\sigma(t-t_0)} \sin\left(\omega\left(t - t_0\right) + \cos^{-1}\left(\dfrac{b}{2\sqrt{ac}} \right) \right) \right], & \quad t \ge t_0 \end{cases}$$

15. 當特徵方程式的共軛複數根值具有正實部時，微分方程式的解會持續地震盪，並且其振幅會隨著時間的增加而無限制地上升；然而，當共軛複數根值具有負實部時，微分方程式的解雖然亦會有震盪的形式，但其震幅會隨著時間增加而降低，並到達最終定值。

16. 當特徵方程式的共軛複數根負實部值越往負方向增加時，微分方程式的解到達最終定值的時間會越為縮短，且其震盪振幅亦會越為降低；當共軛複數根虛部值提升時，微分方程式解的震盪頻率則會增加，且其震盪振幅亦會相對地提高。

17. 當特徵方程式的共軛複數根值為零實部時，微分方程式的解會持續地震盪，其振幅既不會無限制地上升亦不會隨著時間的增加而降低。

2.3 | 牛頓運動定律與力學系統模式化

牛頓運動定律是由英國物理學家艾沙克·牛頓（Issac Newton）於 1687 年提出，主要是描述物體與作用力間的相互作用關係，其內容涵蓋三條主要的運動定律：

第一定律：亦稱爲「慣性定律」。空間中不受外力作用的靜止物體，會持續保持靜止的狀態；作等速度運動且不受外力作用的物體，則會持續保持等速度的直線運動。

第二定律：亦稱爲「運動定律」。當空間中的物體受到外力作用時，作用外力的總和（亦稱爲淨外力）會造成該物體在總和作用外力的方向產生加速度的運動狀態；並且，總和作用外力的大小會等於該物體的質量與運動加速度的乘積。

第三定律：亦稱爲「作用力與反作用力定律」。當空間中的兩個物體有相互作用運動時，物體彼此間會施加作用力予對方，並受到對方所施加的反作用力；該作用力與反作用力會發生於相同的力線，並且其大小相等、方向相反，同時發生亦會同時消失。

在設計自動控制系統之前，必須先以數學方法模式化並分析受控制系統的動態行爲。在此，以數學方法模式化受控制系統，即是以物理定律或法則建立該受控制系統的動態方程式，並且該動態方程式可充分描述該受控制系統的動態行爲。對於常見的力學系統，受控制系統通常是指具有質量的物體，模式化受控制系統即是探討該物體受到外力作用的動態運動行爲，並以數學方法建立該動態運動行爲的動態方程式；因此，常會以牛頓第三定律決定物體所受到作用力的方向，再以牛頓第二定律探討物體所受總和作用力與物體運動行爲之間的動態關係。物體的運動行爲常會以該物體的位置／速度／加速度物理量隨時間變化的函數描述，由於這些物理量彼此間存在微分的關係，因此以牛頓運動定律模式化該物體的動態運動行爲，所得到的動態方程式通常會是常係數線性微分方程式。由於牛頓第二定律主要應用於常見力學系統並模式化物體所受作用力與運動行爲間的動態方程式，以下各別說明牛頓第二定律相關的物理量特性以及模式化質量物體動態方程式的方法，內容包括：物體的質量／位置／速度／加速度、作用於質量物體的外力種類、模式化質量物體的動態方程式。由於力學系統亦常描述物體的旋轉運動，本章亦介紹牛頓運動定律

的延伸定律，可模式化旋轉物體的動態運動行為。

2.3.1　物體的質量 / 位置 / 速度 / 加速度

物體的質量是該物體的固有性質，亦可表示該物體在運動過程儲存動能的特性；例如棒球投手將球投出後，球在空中運動會受到重力的影響而往下墜，但也因為儲存投手所施予的動能而能往前飛行。在公制單位系統，常見的質量單位為公斤（kilogram, kg）、公克（gram, g）與毫克（milligram, mg）；在英制單位系統，常見的質量單位則為磅（pound, lb）、盎司（ounce, oz）與司勒格（slug, sl）。各單位間的換算分別為：

1. 1 kg = 1000 g = 1000000 mg。

2. 1 lb = 16 oz ≈ 0.0311 slug。

3. 1 kg ≈ 2.2046 lb ≈ 35.2736 oz ≈ 0.0685 sl。

此外，質量不等於重量。質量是物體的固有性質，其值並不會因為該物體所處的環境不同而改變；然而，重量是指物體受重力加速度作用而產生力的大小，其值會因為該物體所在位置的重力加速度不同而改變。例如：具有質量的物體，在地球所測得的重量與在月球所測得的重量不同，是因為地球表面的重力加速度值不同於月球表面的重力加速度值。當物體的質量為 M 並且該物體的重量為 W，質量 M 與重量 W 間的關係可由式（3-1）表示：

$$W = M \cdot g \tag{3-1}$$

其中，g 表示重力加速度值，該值在地球表面約為 9.8 公尺 / 秒^2 或 32.2 呎 / 秒^2。物體的重量單位常見以「公斤重」（kgw）表示，1 公斤重定義為質量 1 公斤的物體在地球表面所測得的重量。

物體在空間中的運動行為常會以該物體在空間中的位置以及該物體運動時的速度與加速度表示。在此，物體的位置、速度與加速度是隨著時間進行而變動的物理量，因此常表示為時間的函數，並且定義為物體在空間運動時的位置函數、速度函數與加速度函數。位置函數可用以描述物體在空間運動時，隨著時間的進行，

物體與位置參考點間的距離變化，因此，在公制單位系統，位置函數的物理量單位常見者為公尺（meter, m）、公分（centimeter, cm）與公釐（millimeter, mm）；在英制單位系統常見者為英呎（feet, ft）與英吋（inch, in）。速度函數可描述物體在空間中運動時，隨時間改變的快慢程度，在公制單位系統，速度函數的物理量單位常見者為公尺／秒（meter per second, m/sec）與公釐／分（millimeter per minute, mm/min）；在英制單位系統常見者為英呎／秒（feet per second, ft/sec）與英吋／分（inch per minute, in/min）。加速度函數則是描述物體在空間中運動時，運動速度隨時間的變動程度，其物理量單位，在公制單位系統常見者為公尺／秒²（meter per second square, m/sec²）；在英制單位系統常見者為英呎／秒²（feet per second square, ft/sec²）。以數學方式描述位置函數、速度函數與加速度函數之間的關係，速度函數是位置函數對於時間的變化率，加速度函數則是速度函數對於時間的變化率。若定義位置函數 r(t)、速度函數 v(t) 與加速度函數 a(t)，則該些函數的關係可由式（3-2）表示：

$$v(t) = \frac{dr(t)}{dt}; \ a(t) = \frac{dv(t)}{dt} \tag{3-2}$$

以下舉例說明，在空間中運動的物體，其質量 M 與位置 r(t) ／速度 v(t) ／加速度 a(t) 函數的關係表示，參考圖 2-3-1 所示。在地球表面自由落下的物體，假設物體的質量為 M，落下的初始時間為 t_0，落下的方向為正向，並且物體在落下的過程不受其他外力（如空氣阻力）的作用。物體落下的最初位置 $r(t_0) = 0$ 為本例之位置參考點，物體落下的最初速度為 $v(t_0) = 0$，物體所受到的唯一外力為重力 W（即物體的重量）。此時，根據式（3-1）與式（3-2）的敘述可知，該物體在地球表面（具有重力加速度 g）自由落下時，具有下列運動行為：

1. 物體質量 $M = \dfrac{W}{g}$。
2. 加速度函數 a(t) = g（物體在落下的過程皆會受到重力加速度的影響）。
3. 速度函數 $v(t) = g \cdot (t - t_0)$。
4. 位置函數 $r(t) = \dfrac{1}{2} \cdot g \cdot (t - t_0)^2 = \dfrac{1}{2 \cdot g} \cdot v(t)^2$。

　　圖 3-2 描述該物體落下時的位置／速度／加速度函數，物體落下的初始時間為 $t_0 = 1$ 秒。本例所有物理量皆以公制單位系統表示；因此，位置函數的單位為公尺，速度函數的單位為公尺／秒，加速度函數的單位為公尺／秒^2，且重力加速度為 $g = 9.8$ 公尺／秒^2。明顯地，物體落下的速度會隨著時間的增加而等比例地提高；然而，物體的位置則會隨著時間的增加而呈現二次曲線的變化。

$r(t_0) = 0$ --- Ⓜ ------------------

$v(t_0) = 0$ ↓ $a(t_0) = g$

$r(t) = \dfrac{1}{2} \cdot g \cdot (t - t_0)^2$ ---------- Ⓜ ---

$v(t) = g \cdot (t - t_0)$ ↓ $a(t) = g$

圖 2-3-1　空間自由落體的質量與位置／速度／加速度函數關係

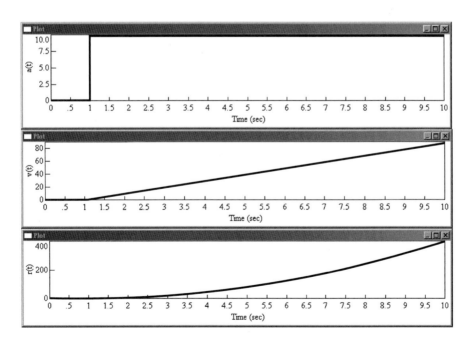

圖 2-3-2　自由落體的位置 r(t)／速度 v(t)／加速度 a(t) 函數

2.3.2　作用於質量物體的外力種類

依據牛頓對質量物體運動的敘述，作用於質量物體的外力可導致該物體運動狀態的改變，物體可由靜止狀態開始運動或改變物體的運動速度，式（3-3）可描述質量物體受到作用力後的運動行為：

$$F(t) = M \cdot a(t) \tag{3-3}$$

其中，M 表示物體的質量，F(t) 表示作用於物體的外力函數，a(t) 表示物體受到外力函數 F(t) 作用後所呈現的加速度函數。由於牛頓對質量物體運動的發現，式（3-3）亦用於定義力的物理量單位為牛頓（Newton, N）：作用於質量為 1 公斤的物體，並使該物體達到 1 公尺 / 秒 ^{2} 加速度所需的力定義為 1 牛頓。換言之，作用於質量物體 1 牛頓的外力，可以式（3-4）表示：

$$1[\text{N}] \equiv 1[\text{kg}] \cdot 1[^{\text{m}}\!/\!_{\text{sec}^2}] = 1[^{\text{kg} \cdot \text{m}}\!/\!_{\text{sec}^2}] \tag{3-4}$$

並且，若物體質量為 M，則該物體在地球表面所受到的重力 W 可由式（3-5）表示：

$$W = M \cdot g \tag{3-5}$$

亦因此，式（3-1）所述之「1 公斤重」（kgw）表示質量 1 公斤的物體在地球表面所受到的重力，其值約為 9.8 牛頓，式（3-6）描述其間的關係：

$$1[\text{kgw}] \equiv 1[\text{kg}] \cdot 9.8[^{\text{m}}\!/\!_{\text{sec}^2}] = 9.8[^{\text{kg} \cdot \text{m}}\!/\!_{\text{sec}^2}] = 9.8[\text{N}] \tag{3-6}$$

在公制單位系統，作用力的常見物理量單位為牛頓（Newton, N）；然而，在英制單位系統，常見物理量單位則為磅力（pound force, lbf），並且 1 牛頓約等於 0.2248

磅力。由於地球表面的重力加速度 g = 9.8 公尺／秒²或 g = 32.2 英呎／秒²，探討地球表面質量物體所受到的作用力，則必須考慮該質量物體的重力 M · g；此外，亦有其他可能的作用力作用於質量物體。本章主要說明兩種常見的作用力：彈性力（spring force）與摩擦力（friction force）。其中，摩擦力又分爲靜摩擦力（static friction force）、庫倫摩擦力（Coulomb friction force）與黏滯摩擦力（viscous friction force）。

　　彈性力係一種抵抗物體位置改變的力，由於其位置與力的動作特性類似於力學系統的彈簧元件，因此稱之爲彈性力，圖 2-3-3(a) 說明彈性力與位置改變量之間的關係。假設彈簧的初始位置爲 y_0，並且當彈簧受到壓縮後位置改變爲 y_1，則彈簧所產生的彈性力 F_1 正比於位置改變量 $(y_0 - y_1)$，且彈性力 F_1 的作用方向與位置改變方向相反；反之，當彈簧受到拉伸後位置改變至 y_2，此時彈簧所產生的彈性力 F_2 正比於位置改變量 $(y_2 - y_0)$，且彈性力 F_2 的作用方向亦與位置改變方向相反。由此可知，彈性力值與位置改變量呈正比例，並且彈性力的作用方向相反於位置改變方向。因此，彈性力 F 與位置改變量 Δy 間的關係可由式（3-7）描述：

$$F = K \cdot \Delta y \qquad (3\text{-}7)$$

其中，K 表示彈性力 F 與位置改變量 Δy 間的比例常數，亦稱爲彈性係數，其物理量單位，在公制單位系統常見者爲牛頓／公尺（Newton per meter, N/m）；在英制單位系統常見者爲磅力／英呎（pound force per feet, lbf/ft）。力學系統的簡圖常會以圖 3-3(b) 所示的符號表示彈性力元件，元件上方標示 K 表示該彈性力元件的彈性係數。

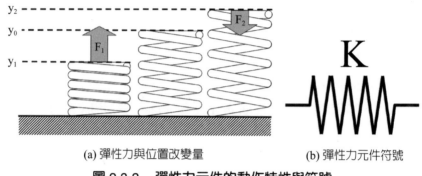

(a) 彈性力與位置改變量　　　　(b) 彈性力元件符號

圖 2-3-3　彈性力元件的動作特性與符號

　　摩擦力係一種抵抗物體運動的力，並由於抵抗物體運動方式的差異，摩擦力又可分為靜摩擦力、庫倫摩擦力與黏滯摩擦力。靜摩擦力係抵抗物體開始運動的力，當質量物體由靜止狀態即將開始運動時，物體所受外力必須先克服物體與環境接觸面間的靜摩擦力，並且當物體開始運動時，靜摩擦力會即刻消失，而由其他種類的摩擦力取代，持續抵抗物體的運動。顯然地，質量物體與接觸環境間的接觸面特性影響靜摩擦力值。由於靜摩擦力阻止物體即將開始的運動，靜摩擦力作用於物體的方向與物體即將運動的方向相反。當作用外力施予質量物體且克服物體與環境接觸面間的靜摩擦力，物體即由靜止狀態開始運動，並會受到庫倫摩擦力的作用而影響其運動的行為。庫倫摩擦力值與質量物體的接觸面特性相關，並且其作用於物體的力方向與物體的運動方向相反。一般而言，當質量物體與環境間的接觸面具有不變性質時，靜摩擦力值與庫倫摩擦力值皆為定值。由於靜摩擦力與庫倫摩擦力分別表示不同運動狀態的抵抗力，靜摩擦力值與庫倫摩擦力值為相異定值。靜摩擦力表示質量物體尚未移動時，環境接觸面施予物體，與物體即將運動方向相反的抵抗力，用以抵抗物體即將開始的運動；然而，庫倫摩擦力則表示質量物體移動時，環境接觸面施予物體與運動方向相反的抵抗力，用以抵抗物體已經開始的運動。

　　黏滯摩擦力的形成機制類似於力學系統的阻尼元件，因此亦稱為阻尼力，圖 2-3-4(a) 說明黏滯摩擦力與物體運動的關係。假設質量物體的初始狀態為靜止，並且與固定面之間存在有粘滯特性的薄膜，當質量物體開始運動並且速度為 v_1 時，質量物體與固定面間的薄膜分子會對質量物體產生拉力 F_1 阻止物體運動，且拉力

F_1 與物體運動速度呈正比例，作用方向與物體運動速度方向相反；同樣地，當質量物體運動的速度提高爲 v_2 時，薄膜分子亦對質量物體產生與運動速度方向相反的拉力 F_2，且由於物體運動速度 v_2 大於速度 v_1，因此拉力 F_2 大於拉力 F_1。由於薄膜分子對質量物體的作用拉力是基於薄膜的粘滯特性，該作用拉力因而稱爲黏滯摩擦力。由質量物體的運動特性可知，黏滯摩擦力值與質量物體的運動速度呈正比例，並且黏滯摩擦力的作用方向與物體的運動速度方向相反。因此，黏滯摩擦力 F 與質量物體的運動速度 v 的關係可由式（3-8）描述：

$$F = B \cdot v \tag{3-8}$$

其中，B 表示黏滯摩擦力 F 與質量物體運動速度 v 之間的比例常數，亦稱爲黏滯摩擦係數，其物理量單位，在公制單位系統爲牛頓／公尺／秒（N/m/sec）；在英制單位系統則爲磅力／英呎／秒（lbf/ft/sec）。圖 2-3-4(b) 的符號表示黏滯摩擦力元件常用於力學系統簡圖，元件符號標示 B 表示該元件的黏滯摩擦係數。

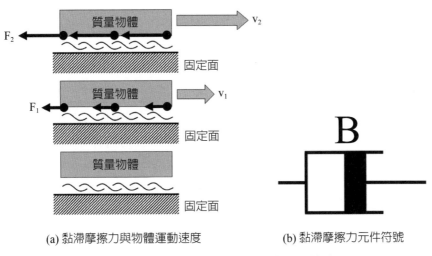

(a) 黏滯摩擦力與物體運動速度　　　　　(b) 黏滯摩擦力元件符號

圖 2-3-4　黏滯摩擦力的動作特性與符號

2.3.3　模式化質量物體的動態方程式

　　牛頓的運動定律表示：質量物體受到外力作用時，該物體會沿著總和作用外力的方向產生加速度運動，並且總和作用外力值會等於物體的質量乘以物體運動時的加速度值。因此，在模式化質量物體的動態方程式前，必須先建立該物體所受到作用外力的力圖，爾後再依牛頓的運動定律推導物體運動時位置／速度／加速度函數的微分方程式，並藉由該微分方程式可分析物體受到外力作用的運動狀態。以下舉例說明質量物體動態方程式的模式化過程，參考圖 2-3-5 所示力學系統。假設質量物體放置於底部有黏油的固定油槽，物體兩側與油槽間連結有不同彈性係數的彈簧，物體底部與油槽間忽略靜摩擦與庫倫摩擦效應，並且對質量物體施予作用力迫使物體在油槽內運動，則質量物體在油槽內的動態方程式模式化過程如下：

1. 定義力學元件標示參數。如圖 2-3-5 所示，M 表示物體質量，K_1 與 K_2 分別表示左側彈簧與右側彈簧的彈性係數，B 表示物體與油槽間的黏滯摩擦係數，f(t) 表示施予質量物體的作用力函數，y(t) 表示質量物體在油槽內運動的位置函數。

2. 繪製等效力學系統圖。如圖 2-3-6 所示，將質量物體與油槽間的相互作用關係以力學元件與標示參數作等效系統的圖示。

3. 繪製質量物體作用力圖。將圖 2-3-6 所示之等效力學系統，各力學元件作用於質量物體的作用力整理繪製如圖 2-3-7 所示。其中，當質量物體的位置 y(t) 如圖 3-7 所示向右改變時，左側彈簧因為拉伸而對物體作用左向的作用拉力 $K_1 \cdot y(t)$，右側彈簧則因為壓縮亦對物體作用左向的作用推力 $K_2 \cdot y(t)$，質量物體與油槽間的黏滯摩擦則對物體作用與運動反向的黏滯摩擦力 $B \cdot \dfrac{dy(t)}{dt}$。

4. 依據牛頓的運動定律建立微分方程式如式（3-9）所述：

$$f(t) - B \cdot \frac{dy(t)}{dt} - K_1 \cdot y(t) - K_2 \cdot y(t) = M \cdot \frac{d^2 y(t)}{dt^2} \qquad （3\text{-}9）$$

其中，等號左邊表示作用於質量物體的總和作用外力（或稱淨外力），並以施予作用力 f(t) 的方向為正向，各力學元件作用力與施予作用力 f(t) 方向相反者皆為負值，等號右邊表示物體質量 M 與物體運動加速度值 $\dfrac{d^2y(t)}{dt^2}$ 的乘積。式（3-9）可進一步整理如式（3-10）或式（3-11）所示：

$$f(t) - B \cdot \frac{dy(t)}{dt} - \left(K_1 + K_2\right) \cdot y(t) = M \cdot \frac{d^2y(t)}{dt^2} \tag{3-10}$$

$$M \cdot \frac{d^2y(t)}{dt^2} + B \cdot \frac{dy(t)}{dt} + \left(K_1 + K_2\right) \cdot y(t) = f(t) \tag{3-11}$$

合併所有彈性係數使成為 $K = K_1 + K_2$，則式（3-11）可改寫為式（3-12）：

$$M \cdot \frac{d^2y(t)}{dt^2} + B \cdot \frac{dy(t)}{dt} + K \cdot y(t) = f(t) \tag{3-12}$$

式（3-12）可表示質量物體在油槽內的動態方程式，並可以位置函數 y(t)、速度函數 v(t)、加速度函數 a(t) 描述物體的運動行為，其中，$v(t) = \dfrac{dy(t)}{dt}$，$a(t) = \dfrac{d^2y(t)}{dt^2}$。

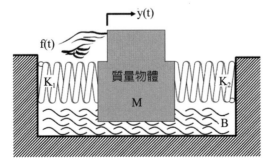

圖 2-3-5　結合質量／黏滯摩擦／彈性力之力學系統

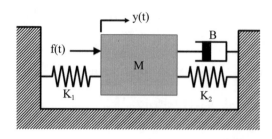

圖 2-3-6　圖 2-3-5 所示力學系統之等效力學系統圖

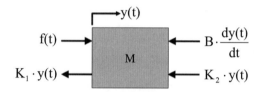

圖 2-3-7　圖 2-3-6 所示等效系統之質量物體作用力圖

　　由於式（3-12）所示質量物體的動態方程式爲二階常係數線性微分方程式，因此可藉由式（2-3）所示特徵方程式及方程式係數 {M, B, K} 所建立特徵方程式的根形式，分析微分方程式（3-12）的位置函數解 y(t) 以及描述物體運動的速度函數 v(t) 與加速度函數 a(t)。假設在公制單位系統，物體質量爲 1[kg]（M = 1），物體與油槽間的黏滯摩擦係數爲 3[N/m/sec]（B = 3），總合彈性係數爲 2[N/m]（K = 2）。並且，施予質量物體的作用力函數爲式（2-2）所示具有初始時間爲 1 秒（t_0 = 1）之步階函數。亦即在時間軸線，當時間變數 t ≥ 1 時，作用力函數 f(t) 的數值爲 1[N]；當時間變數 t < 1 時，作用力函數值爲 0[N]。此時，由於微分方程式之特徵方程式具有相異的負根值（σ_1 = −1; σ_2 = −2），微分方程式的位置函數解 y(t) 會隨著時間的增加而收斂到達定值 0.5[m]，如圖 2-3-8 所示。當位置函數 y(t) 逐漸收斂時，速度函數 v(t) 與加速度函數 a(t) 亦會逐漸收斂至零值，表示質量物體在油槽內不再運動。然而，在物體的運動過程中，速度函數的最大值會達到 0.25[m/sec] 且加速度函數最大值會達 1.0[m/sec²]。

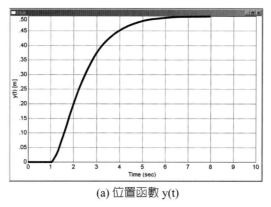

(a) 位置函數 y(t)

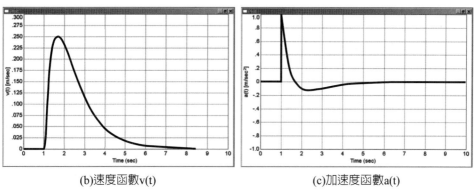

(b)速度函數v(t)　　　　　　　　　(c)加速度函數a(t)

圖 2-3-8　油槽內質量物體的運動函數（M = 1, B = 3, K = 2）

　　若變更假設物體與油槽間的黏滯摩擦係數為 0[N/m/sec]（B = 0），表示油槽底部的液體不具黏滯性。此時，由於特徵方程式具有零實部值的共軛複數根 (σ = 0; ω = $\sqrt{2}$)，微分方程式的位置函數解 y(t) 會持續地以頻率$\dfrac{\sqrt{2}}{2\pi}$作震盪變化，其振幅亦不會隨著時間增加而改變，如圖 2-3-9 所示。換言之，質量物體在油槽內會不受任何黏滯阻力而持續地反覆運動，並且其可達最遠位置為 1.0[m]。

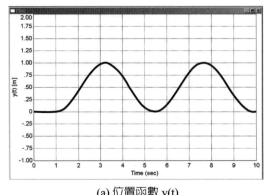

(a) 位置函數 y(t)

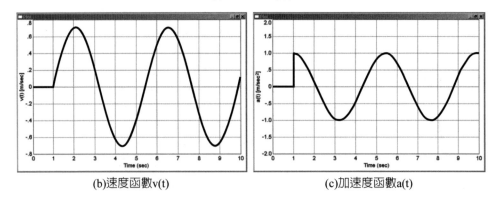

(b)速度函數v(t)　　　　　　　　　(c)加速度函數a(t)

圖 2-3-9　油槽內質量物體的運動函數（M = 1, B = 0, K = 2）

　　然而，若變更假設物體與油槽間的總合彈性係數為 0[N/m]（K = 0），但保持槽底油體的黏滯性。此時，由於特徵方程式的根分別為零值與負值 ($\sigma_1 = 0$; $\sigma_2 = -3$)，微分方程式的位置函數解 y(t)，在經過短暫時間後會隨著時間增加而等比例地無限制上升，如圖 2-3-10 所示。換言之，此時的質量物體在油槽內會以等速度的運動方式逐漸遠離原始位置，直至物體碰到油槽而停止。

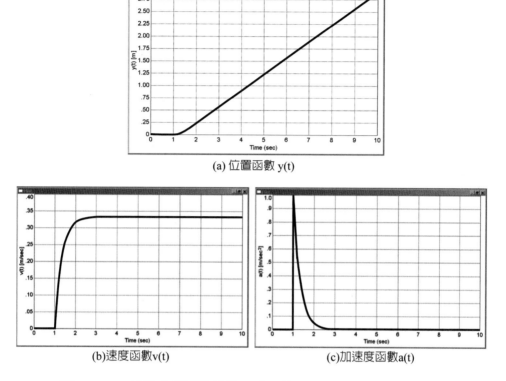

(a) 位置函數 y(t)

(b)速度函數v(t)　　　　　　　　　(c)加速度函數a(t)

圖 2-3-10　油槽內質量物體的運動函數（M = 1, B = 3, K = 0）

　　若同時變更假設物體與油槽間的黏滯摩擦係數為 0[N/m/sec]（B = 0）且總合彈性係數亦為 0[N/m]（K = 0），表示槽底油體不具黏滯性且物體兩側與油槽間無彈簧作用。此時，由於油槽內的質量物體運動不受任何阻力的限制，物體受到外力作用時會以等加速度的方式逐漸遠離原始位置，如圖 2-3-11 所示。就特徵方程式而言，由於其根值皆為零值（$\sigma_1 = \sigma_2 = 0$），微分方程式的位置函數解 y(t) 會隨著時間增加而呈現二次時間函數形式無限制地上升；換言之，隨著時間的增加，物體會以越快的速度遠離原始位置。

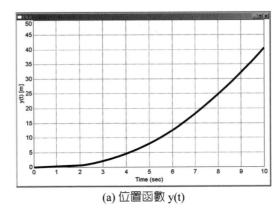

(a) 位置函數 y(t)

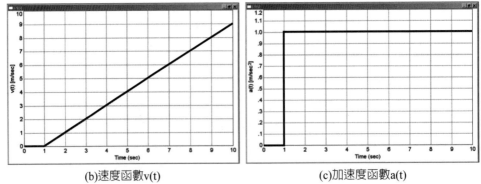

(b)速度函數v(t)　　　　　　　　　(c)加速度函數a(t)

圖 2-3-11　油槽內質量物體的運動函數（M = 1, B = 0, K = 0）

　　若假設圖 2-3-4 力學系統的物體質量為 0.1[kg]（M = 0.1），黏滯摩擦係數為 0.2[N/m/sec]（B = 0.2），總合彈性係數為 1.0[N/m]（K = 1.0），並且施予物體的作用力函數為具有初始時間 1 秒（$t_0 = 1$）之步階函數。由於特徵方程式為具有負實部的共軛複數根（$\sigma = -1; \omega = 3$），微分方程式的位置函數解 y(t) 在經過短暫時間的震盪後，其震幅會逐漸降低，且位置函數最終到達定值，如圖 2-3-12 所示。換言之，油槽內質量物體在運動過程中，物體的運動位置會短暫地超越最終位置，並且在經過長時間的運動後停止，其最終位置會偏離原始位置 1.0[m]，如圖 2-3-13 所示。

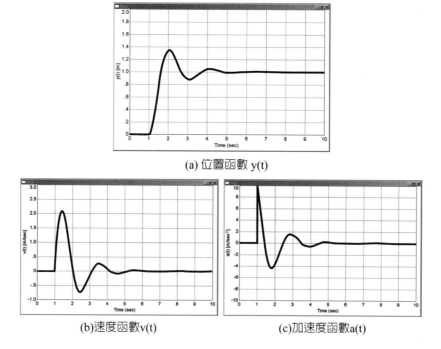

(a) 位置函數 y(t)

(b)速度函數v(t)   (c)加速度函數a(t)

圖 2-3-12　油槽內質量物體的運動函數（M = 0.1, B = 0.2, K = 1.0）

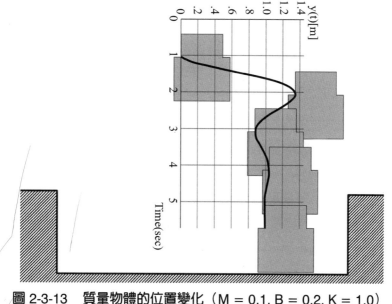

圖 2-3-13　質量物體的位置變化（M = 0.1, B = 0.2, K = 1.0）

2.4 | 牛頓運動定律的延伸

　　物體運動的方式包括直線運動與旋轉運動。如前所述，直線運動的物體可依牛頓運動定律描述該物體受到外力作用時的運動狀態。式（4-1）說明具有質量 M 的物體受到外力 F(t) 作用後產生加速度運動 a(t)：

$$F(t) = M \cdot a(t) \qquad (4\text{-}1)$$

倘若物體作旋轉運動，則該旋轉物體的運動行為可由牛頓運動定律的延伸定律描述，式（4-2）表示具有轉動慣量 J 的物體，受到外力矩 T(t) 作用後，該物體即繞旋轉軸以角加速度 α(t) 作旋轉運動：

$$T(t) = J \cdot \alpha(t) \qquad (4\text{-}2)$$

　　旋轉物體的轉動慣量為該物體的固有性質，亦可表示該物體在旋轉運動過程儲存動能的特性；例如擲出的旋轉陀螺會持續轉動，可解釋以手拋擲的動作對陀螺施予旋轉的動能並儲存的緣故。旋轉物體的轉動慣量會與該物體的質量、幾何形狀、所繞旋轉軸位置有關。在公制單位系統，常見的轉動慣量單位為公斤 - 公尺平方（kg-m^2）、公克 - 公分平方（g-cm^2）；在英制單位系統，常見的轉動慣量單位則為磅 - 呎平方（lb-ft^2）、盎司 - 吋平方（oz-in^2）。

　　旋轉物體的運動行為常以該物體作旋轉運動時的角位置、角速度與角加速度表示，並且分別定義為旋轉物體的角位置函數、角速度函數與角加速度函數。角位置函數描述物體作旋轉運動時，旋轉角度隨時間的變化；因此，在公制與英制單位系統，角位置函數的物理量單位為弳（radian, rad）。角速度函數可描述物體作旋轉運動時的快慢程度，其物理量單位為弳 / 秒（rad/sec）；角加速度函數則是描述物體作旋轉運動時，運動速度隨時間的變動程度，其物理量單位為弳 / 秒^2（rad/sec^2）。以數學方式描述角位置函數、角速度函數與角加速度函數之間的關係，角

速度函數是角位置函數對於時間的變化率，角加速度函數則是角速度函數對於時間的變化率。若定義角位置函數 θ(t)、角速度函數 ω(t) 與角加速度函數 α(t)，則該些函數的關係可由式（4-3）表示：

$$\omega(t) = \frac{d\,\theta(t)}{dt}; \quad \alpha(t) = \frac{d\omega(t)}{dt} \tag{4-3}$$

外力作用於轉動力臂即可對物體產生外力矩，並可導致該物體旋轉運動狀態的改變，物體可由靜止狀態開始旋轉或改變旋轉物體的運動速度，式（4-2）描述物體受到外力矩作用後的旋轉運動行為。在公制單位系統，作用力矩的常見物理量單位為牛頓 - 公尺（Nm）；在英制單位系統，常見物理量單位則為磅 - 呎（lb-ft）。兩種常見的作用力矩分別為彈性力矩與摩擦力矩，其中，摩擦力矩又分為靜摩擦力矩、庫倫摩擦力矩與黏滯摩擦力矩。彈性力矩係一種抵抗物體旋轉角位置改變的力矩，因此彈性力矩對旋轉物體的作用方向與角位置改變方向相反。彈性力矩 T 與角位置改變量 Δθ 間的關係可由式（4-4）描述：

$$T = K \cdot \Delta\theta \tag{4-4}$$

其中，K 為彈性係數，其物理量單位，在公制單位系統為牛頓 - 公尺 / 弳（Nm/rad），在英制單位系統為磅 - 呎 / 弳（lb-ft/rad）。摩擦力矩係一種抵抗物體旋轉運動的力矩。靜摩擦力矩係抵抗物體即將開始旋轉的力矩；庫倫摩擦力矩則在物體旋轉過程作用，且方向與物體的旋轉運動方向相反。黏滯摩擦力矩的作用方向與物體的旋轉角速度方向相反，並且可以式（4-5）描述：

$$T = B \cdot \omega \tag{4-5}$$

其中，B 為黏滯摩擦係數，表示黏滯摩擦力矩 T 與物體旋轉角速度 ω 之間的比例常數；其物理量單位，在公制單位系統為牛頓 - 公尺 / 弳 / 秒（Nm/rad/sec），在

英制單位系統則爲磅 - 呎／弳／秒（lb-ft/rad/sec）。

　　牛頓運動定律的延伸定律描述：如式（4-2）所示，物體受到外力矩作用時，該物體會依總和作用外力矩的方向產生角加速度的旋轉運動，並且總和作用外力矩值會等於物體旋轉時的轉動慣量乘以角加速度值。以下舉例說明，應用牛頓運動定律的延伸定律進行旋轉物體動態方程式的模式化過程。參考圖 2-4-3 所示旋轉運動力學系統，假設旋轉物體放置於黏油槽內，並且經由彈性軸對物體施予作用力矩迫使該物體在油槽內進行轉動運動。此時，依據牛頓運動定律的延伸定律可建立微分方程式如式（4-6）所述：

$$T(t) - B \cdot \frac{d\theta(t)}{dt} - K \cdot \theta(t) = J \cdot \frac{d^2\theta(t)}{dt^2} \qquad （4\text{-}6）$$

其中，J 表示旋轉物體與彈性軸的總和轉動慣量，K 表示彈性軸的彈性係數，B 表示旋轉物體與油槽間的黏滯摩擦係數，T(t) 表示施予物體的作用力矩函數，$\theta(t)$ 表示物體在油槽內運動的角位置函數。等號左邊表示作用於物體的總和作用外力矩，等號右邊表示旋轉物體與彈性軸的總和轉動慣量 J 與旋轉運動角加速度值$\frac{d^2\theta(t)}{dt^2}$的乘積。式（4-6）進一步整理如式（4-7）所示：

$$J \cdot \frac{d^2\theta(t)}{dt^2} + B \cdot \frac{d\theta(t)}{dt} + K \cdot \theta(t) = T(t) \qquad （4\text{-}7）$$

式（4-7）表示油槽內旋轉物體的動態方程式，並可以角位置函數 $\theta(t)$、角速度函數 $\omega(t)$、角加速度函數 $\alpha(t)$ 描述物體的運動行爲；其中，$\omega(t) = \frac{d\theta(t)}{dt}$，$\alpha(t) = \frac{d^2\theta(t)}{dt^2}$。

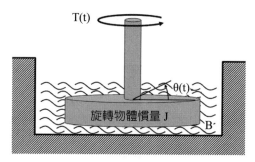

圖 2-4-14　旋轉運動力學系統

本章重點回顧

1. 牛頓慣性定律描述不受外力作用的靜止物體，會保持靜止狀態；作等速度運動的物體，則會保持等速度的直線運動。

2. 牛頓運動定律描述物體受到外力作用時，會產生加速度的運動狀態，並且作用外力值等於物體質量與加速度的乘積。

3. 牛頓作用力與反作用力定律描述物體間發生相互運動時，彼此會施加大小相等且方向相反的作用力與反作用力予對方，並且該作用力與反作用力會同時發生亦會同時消失。

4. 設計自動控制系統必須先模式化受控制系統的動態行為，即以物理定律或法則建立該受控制系統的動態方程式。

5. 物體的質量是固有性質亦是儲存動能的特性，其值不會因物體所處的環境而異。

6. 對於力學系統，受控制系統是指具有質量的物體，模式化受控制系統即是以牛頓運動定律推導該質量物體所受作用外力與物體運動間的動態方程式。

7. 以牛頓運動定律模式化物體運動的動態方程式為常係數線性微分方程式，該微分方程式可描述物體運動時，所受作用外力與物體運動的位置／速度／加速度時間函數關係。

8. 位置函數描述物體運動時，物體與參考點間的距離隨時間變化的情形。

9. 速度函數描述物體運動隨時間改變的快慢程度；加速度函數描述物體運動速度隨時間的變動程度。

10. 位置函數 y(t) / 速度函數 v(t) / 加速度函數 a(t) 關係：

$$v(t) = \frac{dy(t)}{dt}; \ a(t) = \frac{dv(t)}{dt} = \frac{d^2y(t)}{dt^2} \text{。}$$

11. 質量物體運動時的動態方程式：F(t) = M · a(t)，M 表示物體質量，F(t) 表示作用外力函數，a(t) 表示質量物體呈現的加速度函數。

12. 彈性力抵抗物體位置的改變：F = K · Δy，F 表示彈性力，Δy 表示位置改變量或位移，K 為彈性係數。

13. 摩擦力是抵抗物體運動的力，且依抵抗物體運動的方式又可分為靜摩擦力、庫倫摩擦力與黏滯摩擦力。

14. 靜摩擦力抵抗質量物體即將開始的運動，其值與物體的接觸面特性相關，對物體的作用方向相反於物體即將運動的方向，且於物體開始運動時消失。

15. 質量物體的運動會受到庫倫摩擦力的影響，其值相關於質量物體與運動環境的接觸面特性，並且作用於物體的力方向與物體的運動方向相反。

16. 黏滯摩擦力抵抗質量物體的運動：F = B · v；其中，F 表示黏滯摩擦力，v 表示物體的運動速度，B 為黏滯摩擦係數。

17. 以牛頓運動定律模式化質量物體的動態方程式：

(1)定義力學系統元件並標示參數，

(2)繪製該力學系統的等效圖，

(3)繪製質量物體的作用力圖，

(4)應用牛頓運動定律建立質量物體運動的微分方程式。

18. 牛頓運動定律的延伸定律描述物體受到外力矩作用時，會產生角加速度的旋轉運動狀態，並且作用外力矩 T(t) 等於物體旋轉時的轉動慣量 J 與角加速度 α(t) 的乘積。旋轉物體運動時的動態方程式：T(t) = J · α(t)。其中，旋轉物體的轉動慣量 J 與物體的質量、幾何形狀、所繞旋轉軸位置有關。

19. 角位置函數 θ(t) 描述物體作旋轉運動時，旋轉角度隨時間的變化。角速度函數 ω(t) 描述物體作旋轉運動時的快慢程度；角加速度函數 α(t) 則是描述物體作旋轉

運動時，運動速度隨時間的變動程度。其中，$\omega(t) = \dfrac{d\theta(t)}{dt}$；$\alpha(t) = \dfrac{d\omega(t)}{dt}$。

20. 彈性力矩抵抗物體旋轉時的角位置改變：$T = K \cdot \Delta\theta$，T 表示彈性力矩，$\Delta\theta$ 表示角位置改變量，K 爲彈性係數。黏滯摩擦力矩抵抗物體的旋轉運動：$T = B \cdot \omega$，T 表示黏滯摩擦力矩，ω 表示物體的旋轉角速度，B 爲黏滯摩擦係數。

2.5 ｜ 力學系統輸出函數的評估方式

　　本章的學習目的，主要介紹評估力學系統常用的評估方式與量化指標，作爲後續自動控制系統設計時系統性能評估參考。應用牛頓運動定律可以模式化力學系統，建立該力學系統的動態方程式，可描述質量物體受到外力作用後的運動行爲；並且，動態方程式通常以微分方程式的形態呈現，微分方程式的解函數亦常用以表示該力學系統的輸出函數。例如 2.3 節中圖 2-3-4 所示的力學系統，以牛頓運動定律模式化該力學系統可推導質量物體的動態方程式爲式（3-12）所示之二階常係數線性微分方程式；此時若探討該力學系統的質量物體受到施予作用力後的位置運動行爲，則可定義施予作用力函數 f(t) 爲輸入函數，位置函數 y(t) 可爲該力學系統的輸出函數。顯然地，力學系統的諸多固有性質（例如：物體質量／黏滯摩擦係數／彈性係數等）會直接地影響該力學系統的輸出函數。因此，藉由分析力學系統的輸出函數，則可評估該力學系統的運動性能（例如：質量物體對輸入函數的反應快慢程度以及輸出函數對參考目標值的接近程度等）。在系統評估的過程中，工程師們常會使用式（2-2）所示的步階函數作爲評估力學系統的輸入函數，因爲該函數值在初始時間 t_0 時的突然改變，可評估該力學系統之質量物體對輸入函數變化的反應快慢程度，並且在時間變數 t 遠大於初始時間 t_0 時，可評估質量物體輸出函數最終到達值對參考目標值的接近程度。此外，基於科學研究的精神，亦須以量化的評估指標作爲力學系統運動性能評估的數值參考；力學系統輸出函數對輸入步階函數的反應快慢程度可以輸出函數的上升時間值、延遲時間值以及安定時間值量化表示，輸出函數對參考目標值的接近程度則可以輸出函數的最大超越量與最終誤差值

量化表示。本節首先介紹力學系統的各項量化評估指標，包括有：輸出函數的上升時間值、延遲時間值、安定時間值、最大超越量與發生時間值、輸出函數的最終誤差值。由於特徵方程式的根值型態與微分方程式解的形式有密切的關聯性，亦即特徵方程式的根值型態會顯著地影響力學系統質量物體的運動性能，本章亦各別說明特徵方程式根值型態與評估指標間的關係。

2.5.1　輸出函數的評估指標

　　力學系統的輸入函數為步階函數時，輸出函數的上升時間值、延遲時間值、安定時間值、最大超越量與發生時間值、最終誤差值可量化評估該力學系統質量物體的運動特性。假設圖 2-5-1 為力學系統的輸出函數 y(t) 隨時間 t 的變化情形，則該力學系統輸出函數的量化評估指標分別定義如下：

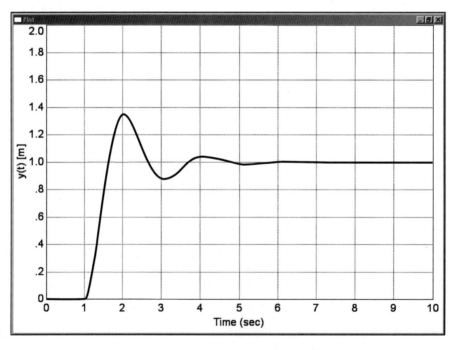

圖 2-5-1　力學系統輸出函數隨時間的變化情形

1. 上升時間值（t_r）：輸出函數由最終到達值的 10% 到 90% 所需的時間定義
   為上升時間值。例如：圖 2-5-2 所示之輸出函數 y(t) 隨時間 t 的變化曲線，
   輸出函數的最終到達值為 1[m]，上升時間值即為輸出函數 y(t) 由 0.1[m] 到
   0.9[m] 所需的時間。由於輸出函數到達 0.1[m] 的時間為 1.1549 秒，且到達
   0.9[m] 的時間為 1.5748 秒，因此上升時間值為 0.4199 秒。

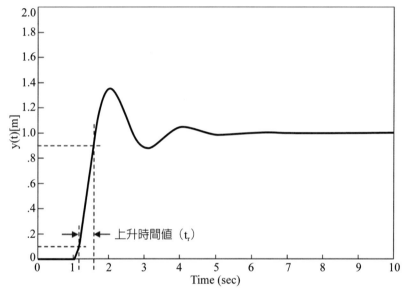

圖 2-5-2　輸出函數的上升時間值定義

2. 延遲時間值（t_d）：輸出函數由初始時間到最終到達值的 50% 所需的時間
   定義為延遲時間值。例如：圖 2-5-3 所示之輸出函數 y(t)，其最終到達值為
   1[m]，延遲時間值即為該函數由初始時間到 0.5[m] 所需的時間。由於輸出
   函數 y(t) 的初始時間為 1 秒，且到達 0.5[m] 所需的時間為 1.3780 秒，因此
   延遲時間值為 0.3780 秒。

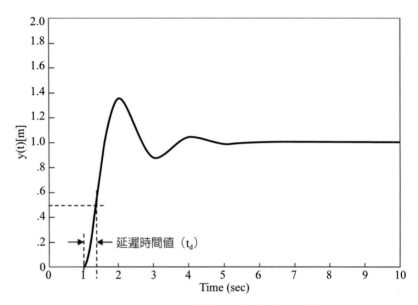

圖 2-5-3　輸出函數的延遲時間值定義

3. 安定時間值（t_s）：若輸出函數 y(t) 隨時間 t 增加而逐漸到達最終值，且其
函數值與最終到達值之間的絕對差亦會隨時間增加而逐漸縮小，則稱該輸出
函數 y(t) 為收斂函數，並且可定義輸出函數由初始時間到絕對差低於最終到
達值的 5% 所需的時間為安定時間值。參考圖 2-5-4 所示之輸出函數 y(t)，
由於該函數為收斂函數且最終到達值為 1[m]，因此輸出函數值與最終到達
值的絕對差在時間 3.5171 秒後，即不再超過 0.05[m]（最終到達值的 5%），
並且該輸出函數的初始時間為 1 秒，可因此得知圖 2-5-4 所示輸出函數的安
定時間值為 2.5171 秒。

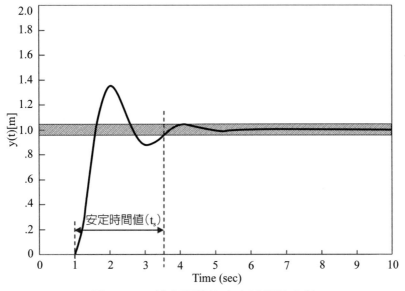

圖 2-5-4 輸出函數的安定時間值定義

4. 最大超越量（M_p）與發生時間值（t_p）：若輸出函數在到達最終值之前經過短暫的震盪過程，且震盪期間的函數值大於最終到達值，此時可定義輸出函數值與最終到達值的差為超越量，若輸出函數為收斂函數，則該函數的超越量會隨時間增加而逐漸縮小。由此可定義，若輸出函數有短暫的震盪過程，最大超越量為輸出函數超越量的最大值，且其發生時間值為初始時間到最大超越量發生時所需的時間。例如：圖 2-5-5 所示輸出函數 y(t) 的時間變化曲線，該函數有經過短暫的震盪過程且最終到達值為 1[m]；由於函數的最大值為 1.3510[m] 發生在時間 2.0472 秒，因此該函數的最大超越量為 0.3510[m] 且發生時間值為 1.0472 秒。

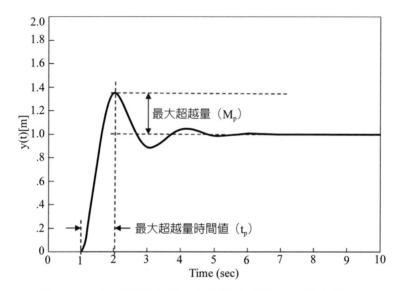

圖 2-5-5　輸出函數的最大超越量與發生時間值定義

5. 最終誤差值（e_{ss}）：輸出函數目標值與最終到達值的差，定義為該輸出函數的最終誤差值。例如：圖 2-5-6 所示之輸出函數 y(t) 最終到達值為 1[m]，若輸出函數目標值為 1.1[m]，則該函數的最終誤差值為 0.1[m]；若指定輸出函數目標值為 0.9[m]，則最終誤差值為 –0.1[m]。

　　假設力學系統的動態方程式可由式（2-1）二階常係數線性微分方程式表示，例如 2.3 節圖 2-3-4 所示之力學系統，質量物體的位置運動行為可由式（3-12）所示之二階常係數線性微分方程式描述，並且物體質量值 M、黏滯摩擦係數值 B、總合彈性係數值 K 皆會改變方程式係數 {M, B, K} 所建立之特徵方程式的根值型態，並影響質量物體的位置函數形式如圖 2-3-8 至圖 2-3-12 所示。探討式（2-1）所示二階常係數線性微分方程式之特徵方程式的根值型態與評估指標間的關連性，有助於力學系統運動性能的評估，亦可作為往後自動控制系統設計的參考。

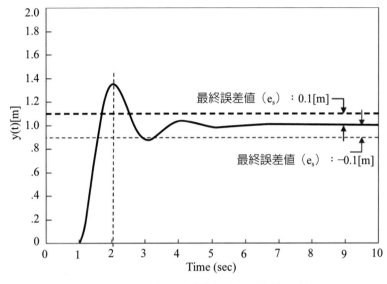

圖 2-5-6　輸出函數的最終誤差值定義

2.5.2　簡單根值型態與評估指標間的關連

特徵方程式簡單根值型態對微分方程式解的影響分析可參考 2.2.1 節的敘述，然而，前述評估指標僅適用於具有收斂特性的輸出函數，亦即微分方程式的解 y(t) 會隨時間 t 增加而逐漸到達最終定值，特徵方程式的簡單根值型態因此必須皆為負根值。根據第 2.2.1 節的敘述，當特徵方程式的簡單根值分別為 (σ_1, σ_2)，微分方程式的輸入函數為步階函數，並其解 y(t) 為收斂輸出函數，則解 y(t) 值將會隨著時間 t 增加而到達定值 $\dfrac{1}{a\sigma_1\sigma_2}$；換言之，若指定輸出函數目標值為 1，則該輸出函數的最終誤差值為 $(1 - \dfrac{1}{a\sigma_1\sigma_2})$。因此，以下解說例設定微分方程式的值 a 為 $\dfrac{1}{a\sigma_1\sigma_2}$，可使輸出函數的最終誤差值為零。表 2-2-1 顯示特徵方程式簡單根值 (σ_1, σ_2) 與輸出函數評估指標值（t_r, t_d, t_s, M_p, t_p）的對應關係。顯然地，當特徵方程式的根值型態為簡單負根值時，輸出函數無最大超越量發生。並且，將簡單根值往負方向增加，可同時縮短上升時間值與延遲時間值，安定時間值亦會縮短，表示輸出函數越快到達

最終定值。若特徵方程式同時具有較負的簡單根值，輸出函數會以較短時間值指標到達最終定值。將特徵方程式的簡單根值標示於圖 2-2-2 所示之複數平面，則可討論特徵方程式的根值位置與輸出函數評估指標值間的關係：

1. 特徵方程式的根值型態為簡單根，表示其根值皆位於複數平面的實軸，如圖 2-2(a) 所示，且簡單負根值表示其位置在複數平面的負實軸。

2. 特徵方程式的簡單根值皆位於複數平面的負實軸，可表示輸出函數會隨著時間增加而到達最終定值且無最大超越量。

3. 特徵方程式的簡單根值位於複數平面的負實軸且越遠離虛軸，可表示輸出函數無最大超越量發生，且到達最終定值的時間越短，評估指標的時間值（上升時間值／延遲時間值／安定時間值）越小。

表 2-2-1　特徵方程式簡單根值與對應輸出函數評估指標值

簡單根值		微分方程式係數值			評估指標值（$t_0 = 1$ 秒）					對應圖號
σ_1	σ_2	a	b	c	t_r[秒]	t_d[秒]	t_s[秒]	M_p	t_p[秒]	
−1	−2	0.5	1.5	1	2.5904	1.2410	3.6747	無	無	2-5-7(a)
−1	−20	0.05	1.05	1	2.1807	0.7470	3.0482	無	無	2-5-7(b)
−10	−20	0.005	0.15	1	0.2578	0.1229	0.3687	無	無	2-5-7(c)

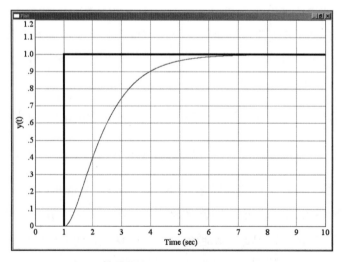

(a) 簡單根值：$\sigma_1 = -1$ 與 $\sigma_2 = -2$

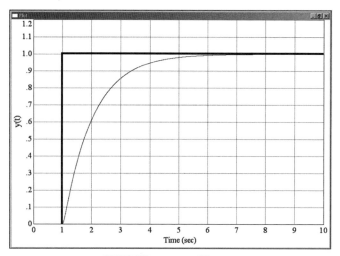

(b) 簡單根值：$\sigma_1 = -1$ 與 $\sigma_2 = -20$

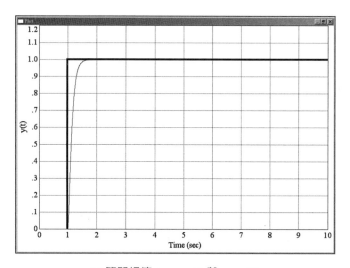

(c) 簡單根值：$\sigma_1 = -10$ 與 $\sigma_2 = -20$

圖 2-5-7　特徵方程式簡單根值對應輸出函數曲線

2.5.3　重根值型態與評估指標間的關聯

參考 2.2.2 節的敘述可瞭解特徵方程式重根值型態對微分方程式解的影響，並

135

且特徵方程式的重根值必須爲負值，微分方程式的解 y(t) 爲收斂輸出函數，可適用前述評估指標進行討論與分析。由第 2.2.2 節可知，若特徵方程式具有重根值 σ，則解 y(t) 值會隨時間 t 增加而到達定值 $\frac{1}{a\sigma^2}$，並且當指定輸出函數目標值爲 1 時，可得知函數最終誤差值爲（$1 - \frac{1}{a\sigma^2}$）；此時，可設定微分方程式的值 a 爲 $\frac{1}{\sigma^2}$ 使輸出函數的最終誤差值爲零。表 2-2-2 列出重根值 σ 與評估指標值（t_r, t_d, t_s, M_p, t_p）的對應關係。當根值型態爲負重根值時，輸出函數可到達最終定值且無最大超越量；重根值往負方向增加，亦可同時縮短到達最終定值之上升時間值、延遲時間值與安定時間值等時間值指標。若根值型態爲較負的重根值時，輸出函數可明顯地具有較小的時間值指標。圖 2-2-2 所示之複數平面亦可討論重根值位置與評估指標值的關係：

1. 如圖 2-2-2(b) 所示，特徵方程式具有重根的根值型態，其根值位置皆在複數平面的實軸，且負重根值表示根值位置在負實軸。

2. 特徵方程式的重根值位於複數平面的負實軸，表示輸出函數將會到達最終定值且無最大超越量發生。

3. 特徵方程式的重根值位於複數平面的負實軸且離虛軸越遠，輸出函數到達最終定值而無最大超越量，並且評估指標時間值（上升時間值／延遲時間值／安定時間值）越小，輸出函數到達最終定值的時間越短。

表 2-2-2　特徵方程式重根值與對應輸出函數評估指標值

重根值	微分方程式係數值			評估指標值（$t_0 = 1$ 秒）					對應圖號
σ	a	b	c	t_r[秒]	t_d[秒]	t_s[秒]	M_p	t_p[秒]	
−1	1	2	1	3.3494	1.6867	4.7470	無	無	2-5-8(a)
−5	0.04	0.4	1	0.6723	0.3373	0.9518	無	無	2-5-8(b)
−10	0.01	0.2	1	0.3325	0.1675	0.4747	無	無	2-5-8(c)

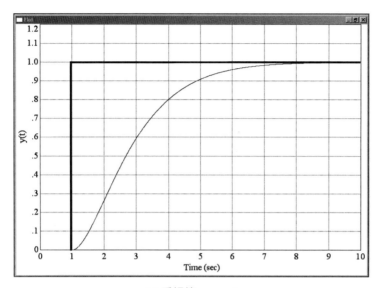

(a) 重根值：σ = −1

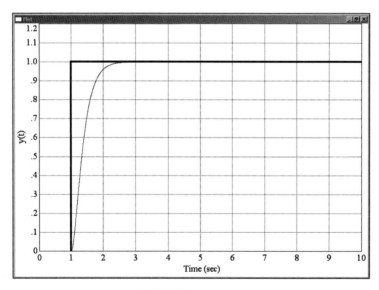

(b) 重根值：σ = −5

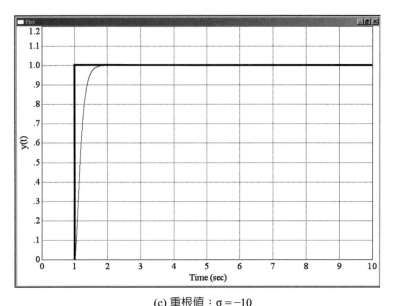

(c) 重根值：$\sigma = -10$

圖 2-5-8　特徵方程式重根值對應輸出函數曲線

2.5.4　複數根值型態與評估指標間的關連

　　特徵方程式複數根值型態對微分方程式解的影響分析可參考 2.2.3 節的敘述。為使微分方程式的解 y(t) 為收斂輸出函數，且適用前述評估指標進行討論與分析，特徵方程式的複數根值必須具有負實部值。2.2.3 節說明，當特徵方程式的複數根值（$\sigma + \omega i$ 與 $\sigma - \omega i$）具有負實部時（$\sigma < 0$），微分方程式的解 y(t) 為收斂輸出函數，且其值在經過頻率為 $\dfrac{\omega}{2\pi}$ 的短暫震盪期後，最終將會到達定值 $\dfrac{1}{c}$。因此，若指定輸出函數目標值為 1，且設定微分方程式的值 c 為 1，則可使得輸出函數的最終誤差值為零。表 2-2-3 顯示複數根值（$\sigma + \omega i$ 與 $\sigma - \omega i$）與輸出函數評估指標值（t_r, t_d, t_s, M_p, t_p）的對應關係。圖 2-5-9 顯示，當特徵方程式的根值型態為具有負實部的複數根值時，輸出函數在經過短暫的震盪期後到達最終定值，且有最大超越量發生。將複數根值的實部往負方向增加，可明顯降低最大超越量，亦可減少延遲時間

值與安定時間值，上升時間值則略爲增加後減少。整體而言，複數根值具有越小的實部，可縮短輸出函數到達最終定值的時間並降低最大超越量。將複數根值的虛部往正方向增加，可明顯減少上升時間值與延遲時間值，安定時間值略爲增加，最大超越量則明顯增加。換言之，複數根值具有越大的虛部，輸出函數收斂至最終到達值的時間雖然略爲增長，但到達最終值的時間變短，表示輸出函數對輸入函數的反應時間變短，卻會大幅增加最大超越量。應用圖 2-2-2 所示之複數平面可討論複數根值位置與輸出函數評估指標值之間的關係；然而，由於特徵方程式複數根值的實部與虛部皆會影響輸出函數的評估指標值，在此須特別定義參數 ζ 與 ω_n 以便進行討論。如圖 2-5-10 所示，複數根值實部值 σ 及虛部值 ω 與特別參數 ζ 及 ω_n 的關係可如式（5-1）所示：

$$
\begin{aligned}
\sigma &= -\left(\zeta \cdot \omega_n\right) \\
\omega &= \omega_n \cdot \sqrt{1-\zeta^2}
\end{aligned}
\quad 或 \quad
\begin{aligned}
\omega_n &= \sqrt{\sigma^2 + \omega^2} \\
\zeta &= \frac{-\sigma}{\sqrt{\sigma^2 + \omega^2}} = \cos(\theta)
\end{aligned}
\tag{5-1}
$$

其中，ω_n 表示複數平面原點到複數根值（$\sigma + \omega i$）的距離，ζ 表示複數根值（$\sigma + \omega i$）與負實軸的夾角餘弦。若複數根值具有負實部，則表示 σ 爲負值，並且參數 ζ 與 ω_n 皆爲正值。根據式（5-1）的定義，可討論複數根值位置與評估指標值的關係：

1. 特徵方程式的複數根爲共軛且具有負實部值，表示該共軛複數根位於複數平面的左半邊，輸出函數會經過短暫震盪期後收斂至最終定值，並且輸出函數於震盪期間的震盪頻率爲 $\dfrac{\omega}{2\pi}$ [Hz]。

2. 特徵方程式的共軛複數根具有較大的 ω_n 值與較小的實部值，表示該複數根值距離複數平面原點較遠，輸出函數具有較小的時間值指標，收斂至最終定值所需的時間較短；但若共軛複數根雖有較大的 ω_n 值但離虛軸較近，輸出函數收斂至最終定值所需的時間變長（安定時間值較大），但是越快反應輸入函數（上升時間值與延遲時間值較小），最大超越量亦同時增加。

3. 特徵方程式的共軛複數根具有較小的 ζ 值，表示該複數根值與負實軸的夾角

越大，輸出函數具有較大的最大超越量，對輸入函數的反應較快（上升時間值與延遲時間值較小），但收斂至最終定值的時間長（安定時間值較大）。

表 2-2-3　特徵方程式複數根值與對應輸出函數評估指標值

複數根值		微分方程式係數值			評估指標值（$t_0 = 1$ 秒）					對應圖號
σ	ω	a	b	c	t_r[秒]	t_d[秒]	t_s[秒]	M_p	t_p[秒]	
-1	3	$\frac{1}{10}$	$\frac{1}{5}$	1	0.4274	0.3797	2.5165	0.3509	1.0391	2-5-9(a)
-5	3	$\frac{1}{34}$	$\frac{5}{17}$	1	0.4640	0.2674	0.6410	0.0053	1.0446	2-5-9 (b)
-10	3	$\frac{1}{109}$	$\frac{20}{109}$	1	0.3004	0.1575	0.4261	0.00003	1.0434	2-5-9 (c)
-1	6	$\frac{1}{37}$	$\frac{2}{37}$	1	0.1954	0.1844	2.7607	0.5925	0.5201	2-5-9(d)
-1	9	$\frac{1}{82}$	$\frac{1}{41}$	1	0.1221	0.1233	2.8645	0.7058	0.3492	2-5-9(e)

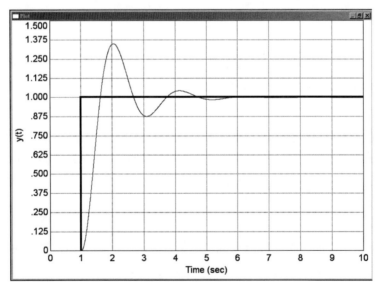

(a) 複數根值：$\sigma = -1$ 與 $\omega = 3$

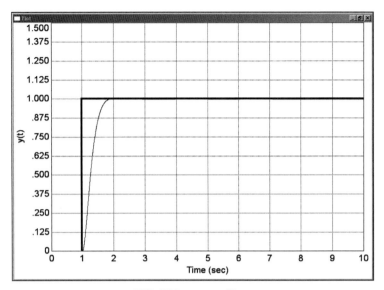

(b) 複數根值：σ = −5 與 ω = 3

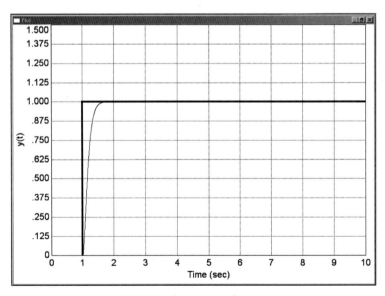

(c) 複數根值：σ = −10 與 ω = 3

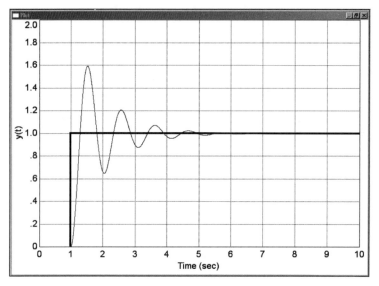

(d) 複數根值：$\sigma = -1$ 與 $\omega = 6$

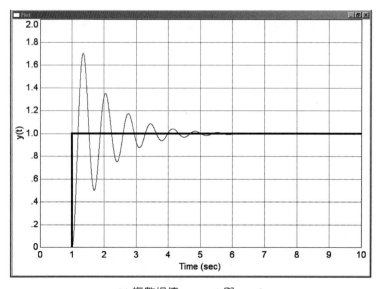

(e) 複數根值：$\sigma = -1$ 與 $\omega = 9$

圖 2-5-9　特徵方程式複數根值對應輸出函數曲線

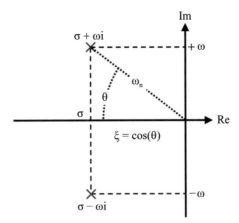

圖 2-5-10　特徵方程式複數根值 σ±ωi 與特別參數 ζ 及 ωₙ 的複數平面表示

2.5.5　本章重點回顧

1. 本節主要介紹評估力學系統常用的量化指標：輸出函數的上升時間值、延遲時間值、安定時間值、最大超越量與發生時間值，以及輸出函數的最終誤差值。

2. 在系統評估的過程，工程師們常會使用步階函數作為輸入函數，因為該函數值在初始時間的突然改變，可評估該系統質量物體對輸入函數變化的反應快慢程度，且在系統執行時間遠大於初始時間時，可評估輸出函數最終到達值對參考目標值的接近程度。

3. 力學系統輸出函數對輸入步階函數的反應快慢程度可以輸出函數的上升時間值、延遲時間值以及安定時間值量化表示，輸出函數對參考目標值的接近程度則可以輸出函數的最大超越量與最終誤差值量化表示。

4. 若輸出函數隨時間增加而逐漸到達最終值，且其函數值與最終到達值之間的絕對差亦會隨時間增加而逐漸縮小，則稱該輸出函數為收斂函數。

5. 若輸出函數在到達最終值之前經過短暫的震盪過程，且震盪期間的函數值大於最終到達值，此時可定義輸出函數值與最終到達值的差為超越量。若輸出函數為收斂函數，則該函數的超越量會隨時間增加而逐漸縮小。

6. 上升時間值（t_r）：輸出函數為收斂函數，可定義輸出函數由最終到達值的 10% 到 90% 所需的時間為上升時間值。

7. 延遲時間值（t_d）：輸出函數爲收斂函數，可定義輸出函數由初始時間到最終到達值的 50% 所需的時間爲延遲時間值。

8. 安定時間值（t_s）：輸出函數爲收斂函數，可定義輸出函數由初始時間到絕對差低於最終到達值的 5% 所需的時間爲安定時間值。

9. 最大超越量（M_p）與發生時間值（t_p）：輸出函數爲收斂函數且有短暫的震盪過程，可定義最大超越量爲輸出函數超越量的最大值，且其發生時間值爲初始時間到最大超越量發生時所需的時間。

10. 最終誤差值（e_{ss}）：輸出函數爲收斂函數，輸出函數目標值與最終到達值的差，可定義爲該輸出函數的最終誤差值。

11. 特徵方程式的根值型態爲簡單根，表示其根值皆位於複數平面的實軸，且簡單負根值表示其位置在複數平面的負實軸。

12. 特徵方程式的簡單根值皆位於複數平面的負實軸，可表示輸出函數會隨著時間增加而到達最終定值且無最大超越量。

13. 特徵方程式的簡單根值位於複數平面的負實軸且越遠離虛軸，可表示輸出函數無最大超越量發生，且到達最終定值的時間越短，評估指標的時間值（上升時間值／延遲時間值／安定時間值）越小。

14. 特徵方程式具有重根的根值型態，其根值位置皆在複數平面的實軸，且負重根值表示根值位置在負實軸。

15. 特徵方程式的重根值位於複數平面的負實軸，表示輸出函數將會到達最終定值且無最大超越量發生。

16. 特徵方程式的重根值位於複數平面的負實軸且離虛軸越遠，輸出函數到達最終定值而無最大超越量，並且評估指標時間值（上升時間值／延遲時間值／安定時間值）越小，輸出函數到達最終定值的時間越短。

17. 由於特徵方程式複數根值的實部與虛部皆會影響輸出函數的評估指標值，須特別定義參數 ζ 與 ω_n 進行討論。複數根值實部值 σ 及虛部值 ω 與特別參數 ζ 及 ω_n 的關係可如式（5-1）所示。其中，ω_n 表示複數平面原點到複數根值（$\sigma + \omega i$）的距離，ζ 表示複數根值（$\sigma + \omega i$）與負實軸的夾角餘弦。

18. 特徵方程式的複數根爲共軛且具有負實部值，表示該共軛複數根位於複數平面的左半邊，輸出函數會經過短暫震盪期後收斂至最終定值，並且輸出函數於震盪期

間的震盪頻率為 $\dfrac{\omega}{2\pi}$ [Hz]。

19. 特徵方程式的共軛複數根有較大的 ω_n 值與較小的實部值，表示該複數根值距離複數平面原點較遠，輸出函數具有較小的時間值指標，收斂至最終定值所需的時間較短。

20. 特徵方程式的共軛複數根有較大的 ω_n 值但離虛軸較近，輸出函數收斂至最終定值所需的時間變長（安定時間值較大），但是越快反應輸入函數（上升時間值與延遲時間值較小），最大超越量亦同時增加。

21. 特徵方程式的共軛複數根具有較小的 ζ 值，表示該複數根值與負實軸的夾角越大，輸出函數具有較大的最大超越量，對輸入函數的反應較快（上升時間值與延遲時間值較小），但收斂至最終定值的時間長（安定時間值較大）。

22. 圖 2-5-11 結論特徵方程式的根值型態與複數平面位置對應於輸出函數評估指標的關連性。

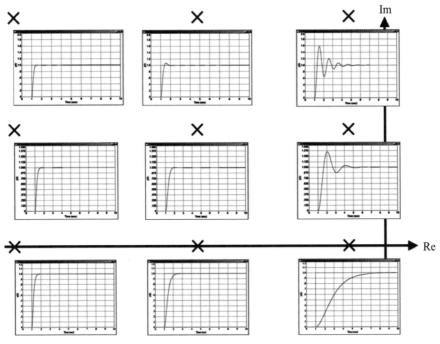

圖 2-5-11　特徵方程式根值對應輸出函數曲線

2.6 ┃ 控制設計對系統輸出的影響

　　藉由前面各節的介紹與說明可以得知，對於已建立的力學系統，應用牛頓運動定律可模式化該力學系統並建立可描述質量物體運動行為的動態方程式。一般而言，動態方程式可表示該力學系統的固有特性，若以步階函數作為該力學系統的輸入函數，則輸出函數所呈現的各項量化評估指標皆為固有值。因此，若要使力學系統具有適當的量化評估指標，施予該力學系統適當的輸入函數，並藉此改變輸出函數隨時間的變化特性，成為改變力學系統內質量物體運動行為的唯一方法，而此方法正代表控制系統的基本觀念。控制系統設計的工程師們常稱具有固有特性的力學系統為受控制系統，控制系統的設計，即是設計適當的受控制系統輸入函數，改變該系統輸出函數的變化特性，可使受控制系統的輸出函數具有適當的量化評估指標。例如：2.2.3 節圖 2-3-4 所示結合質量／黏滯摩擦／彈性力的力學系統，假設物體質量為 1[kg]，物體與油槽間的黏滯摩擦係數為 3[N/m/sec]，總合彈性係數為 2[N/m]，當施予該力學系統的作用力函數為 1[N] 力值的步階函數，則如圖 2-3-7 所示，質量物體位置函數 y(t) 最終會到達 0.5[m]，並且該位置函數的上升時間值為 2.60 秒、延遲時間值為 1.23 秒、安定時間值為 3.68 秒、無最大超越量發生。因此，欲使質量物體最終位置為 1.0[m]，且位置函數具有更短的上升時間、延遲時間、安定時間以及無最大超越量，則須以控制系統設計方法適當地改變該力學系統的作用力函數，使輸出位置函數具有所欲達到的量化評估指標。本節的學習目的，即在介紹改變受控制系統輸入函數的設計方法，並說明控制系統設計對受控制系統輸出函數的影響。此外，本節亦介紹控制系統設計時常用的圖示符號，並以方塊圖完整表示設計控制系統架構。

2.6.1　控制系統圖示符號與方塊圖表示

　　控制系統的圖示符號與方塊圖主要用以表示各子系統間的連結關係與系統訊號函數間的相互作用關係。常用的圖示符號如圖 2-6-1 所示，可表示控制系

統的輸入函數與輸出函數以及訊號函數的比例放大與相加減作用。圖 2-6-1(a)
表示受控制系統動態方程式與該系統輸入／輸出函數的關係，圖示符號「→」
可配合訊號函數名稱表示該訊號函數的行進方向，並且系統的動態方程式會
以方框圈起形成方塊圖示。由此，圖 2-6-1(a) 說明受控制系統具有動態方程式
$M \cdot \dfrac{d^2 y(t)}{dt^2} + B \cdot \dfrac{dy(t)}{dt} + K \cdot y(t) = f(t)$，並且其訊號函數分別為輸入函數 $f(t)$ 與輸出函數
$y(t)$，輸入函數 $f(t)$ 的行進方向為「入」受控制系統，輸出函數 $y(t)$ 的行進方向為
「出」受控制系統。圖 2-6-1(b) 表示訊號函數間的比例放大（比例參數值大於 1）
與比例縮小（比例參數值小於 1 且為正值）作用，在此，比例參數亦以方框圈起
形成方塊圖示。圖 2-6-1(b) 說明輸出函數 $y_o(t)$ 為比例參數值 Kp 乘以輸入函數 $f_i(t)$
的訊號函數關係。圖 2-6-1(c) 與圖 2-6-1(d) 分別表示訊號函數間的相加與相減運算
關係。控制系統常以圖示符號「○」表示訊號函數的相加運算，例如圖 2-6-1(c) 說
明訊號函數 $y_o(t)$ 為訊號函數 $f_1(t)$ 與 $f_2(t)$ 的相加運算結果。然而，若表示訊號函數
的相減運算，則須於被減訊號函數的圖示符號「→」附近增加「減號（−）」圖示
符號用以區隔，如圖 2-6-1(d) 所示，訊號函數 $y_0(t)$ 為訊號函數 $f_1(t)$ 減去訊號函數
$f_2(t)$ 的運算結果。

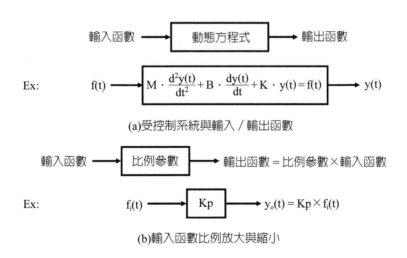

(a)受控制系統與輸入／輸出函數

(b)輸入函數比例放大與縮小

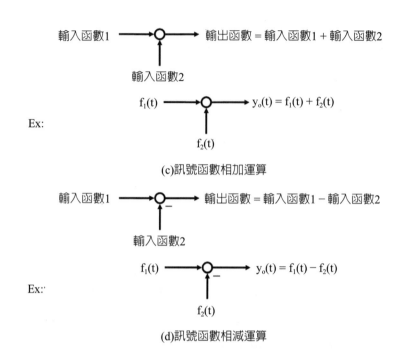

(c)訊號函數相加運算

Ex:

(d)訊號函數相減運算

圖 2-6-1　常用的控制系統圖示符號與方塊圖表示

　　應用圖 2-6-1 所示的圖示符號與方塊圖,可充分表示控制系統架構與系統訊號函數間的關係。舉例說明如圖 2-6-2 所示,某受控制系統的動態方程式表示如式(6-1):

$$M \cdot \frac{d^2 y(t)}{dt^2} + B \cdot \frac{dy(t)}{dt} + K \cdot y(t) = f(t) \qquad (6\text{-}1)$$

其中,輸入函數與輸出函數分別表示為 $f(t)$ 與 $y(t)$。若定義該控制系統的訊號函數 $r(t)$ 為該系統的新輸入函數,並且由圖 2-6-2 可知,受控制系統的輸入函數 $f(t)$ 可表示如式(6-2):

$$f(t) = Kp \cdot (r(t) - y(t)) \qquad (6\text{-}2)$$

此時，將式（6-2）代入式（6-1）可推導該控制系統新輸入函數 r(t) 與受控制系統
輸出函數 y(t) 的動態方程式表示如式（6-3）：

$$\frac{M}{Kp} \cdot \frac{d^2 y(t)}{dt^2} + \frac{B}{Kp} \cdot \frac{dy(t)}{dt} + \frac{(K + Kp)}{Kp} \cdot y(t) = r(t) \qquad （6\text{-}3）$$

式（6-3）說明圖 2-6-2 所示控制系統輸出函數 y(t) 的各項量化評估指標會由於動態

方程式參數值 $\left\{ \dfrac{M}{Kp}, \dfrac{B}{Kp}, \dfrac{(K + Kp)}{Kp} \right\}$ 受到比例參數值 Kp 的影響而改變。換言之，圖

2-6-2 所示控制系統可藉由比例參數值 Kp 的調整，使得輸出函數具有適當的量化
評估指標。

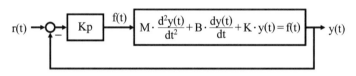

圖 2-6-2　控制系統方塊圖表示（例一）

再舉例說明如圖 2-6-3 所示，式（6-1）表示受控制系統動態方程式。其中，
f(t) 與 y(t) 分別表示該受控制系統的輸入與輸出函數，r(t) 爲該系統的新輸入函數。
由圖 2-6-3 可知，輸入函數 f(t) 可表示爲：

$$f(t) = r(t) - Kp \cdot y(t) \qquad （6\text{-}4）$$

因此，將式（6-4）代入式（6-1），可推導新輸入函數 r(t) 與輸出函數 y(t) 的動態
方程式表示爲：

$$M \cdot \frac{d^2 y(t)}{dt^2} + B \cdot \frac{dy(t)}{dt} + (K + Kp) \cdot y(t) = r(t) \qquad （6\text{-}5）$$

換言之，輸出函數 y(t) 的量化評估指標會受到參數值 {M, B, (K + Kp)} 影響。亦即，可調整比例參數值 Kp，使輸出函數 y(t) 有適當的評估指標值。儘管如此，經比較式（6-3）與式（6-5）後可知，圖 6-2 所示控制系統的比例參數 Kp 會同時影響系統動態方程式的所有參數值 $\left\{\dfrac{M}{Kp}, \dfrac{B}{Kp}, \dfrac{(K+Kp)}{Kp}\right\}$，圖 2-6-3 所示控制系統的比例參數 Kp 則僅會影響動態方程式的部分參數值 {M, B, (K + Kp)}。由此可預知，圖 2-6-2 所示控制系統相對於圖 2-6-3 所示控制系統，可藉由比例參數設計較為適當的輸出函數評估指標，亦因此可突顯控制系統架構設計的重要性。

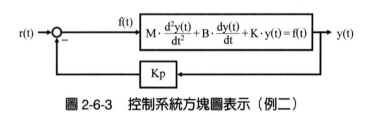

圖 2-6-3　控制系統方塊圖表示（例二）

2.6.2　開路控制系統設計

　　開路控制系統為最簡單的控制系統架構，其特徵在於受控制系統動態方程式的輸入函數設計與輸出函數無關，如圖 2-6-4 所示，假設受控制系統動態方程式表示如式（6-1），並且其輸入函數與輸出函數分別為 f(t) 與 y(t)，則可設計開路控制系統之輸入函數 f(t) 表示如式（6-6）：

$$f(t) = Kf \cdot r(t) \tag{6-6}$$

其中，Kf 為可調整設計的比例參數值，r(t) 為系統的新輸入函數。顯然地，圖 2-6-4 所示控制系統架構，其受控制系統輸入函數 f(t) 的設計與輸出函數 y(t) 無關。並且，將式（6-6）代入式（6-1）可推導圖 2-6-4 所示開路控制系統之新輸入函數 r(t) 與輸出函數 y(t) 的動態方程式如式（6-7）：

$$M \cdot \frac{d^2 y(t)}{dt^2} + B \cdot \frac{dy(t)}{dt} + K \cdot y(t) = Kf \cdot r(t) \qquad （6\text{-}7）$$

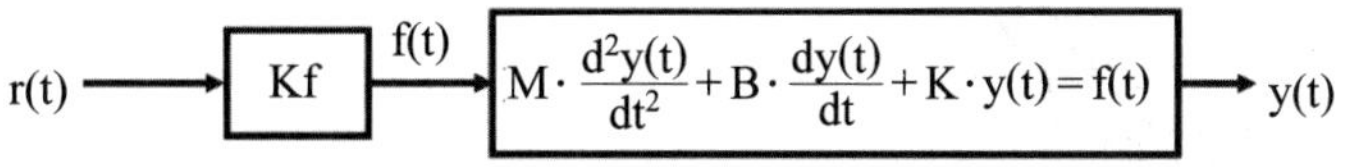

圖 2-6-4　開路控制系統架構

　　對於式（6-1）受控制系統動態方程式，若假設 M 值為 1，B 值為 3，K 值為 2，且輸入函數 f(t) 為值 1 的步階函數，則受控制系統輸出函數 y(t) 可如圖 2-3-7 所示。輸出函數 y(t) 最終到達值為 0.5，且其上升時間值為 2.60 秒、延遲時間值為 1.23 秒、安定時間值為 3.68 秒、無最大超越量發生。然而，若採用圖 2-6-4 所示之開路控制系統架構，受控制系統輸出函數 y(t) 將受到式（6-7）動態方程式影響而改變。當設計新輸入函數 r(t) 為值 1 的步階函數與比例參數 Kf 值為 2 時，受控制系統輸出函數 y(t) 可如圖 2-6-5 所示，輸出函數 y(t) 的最終到達值改變為 1.0 且無最大超越量，然而上升時間值仍為 2.60 秒、延遲時間值仍為 1.23 秒、安定時間值仍為 3.68秒。換言之，藉由比例參數 Kf 的適當設計，可使評估指標之最終誤差值為零，但卻無法改變輸出函數的上升時間值、延遲時間值、安定時間值等評估指標。經比較式（6-1）與式（6-7）可知，影響輸出函數 y(t) 量化評估指標的參數值 {M, B, K}並未因控制架構的設計而改變，亦即，比例參數 Kf 的調整設計對輸出函數 y(t) 的影響有限，無法改變全部的量化評估指標。因此，若要明顯改變輸出函數 y(t) 使其具有適當的評估指標值，需採用其他可行的控制系統架構。由於動態方程式參數值 {M, B, K} 分別為輸出函數 y(t) 的微分項係數，若須改變動態方程式之參數值使其影響輸出函數，輸入函數 f(t) 明顯地須與輸出函數 y(t) 的微分項相關，此即為回授控制系統架構的設計概念。

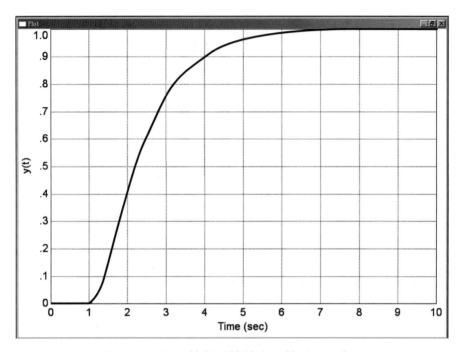

圖 2-6-5　開路控制系統輸出函數（Kf＝2）

2.6.3　回授控制系統設計

　　假設受控制系統輸出函數 y(t) 可透過感測器的使用而量測獲得，則可將該輸出函數用於設計輸入函數 f(t)，並藉此影響受控制系統輸出函數訊號的變化。此時，由於受控制系統輸入函數使用輸出函數作為控制系統設計時的參考訊號，該控制系統架構即明顯表示輸出函數訊號回授至受控制系統的輸入端，因此稱該控制系統為回授控制系統。一般而言，由於受控制系統輸入函數可依系統輸出函數的變化作適時的調整，因此回授控制系統的輸出函數相較於開路控制系統可以獲得較佳的理想近似值。換言之，與開路控制系統輸出函數的量化評估指標相比較，回授控制系統輸出函數的量化評估指標可較接近目標設定值，並且接近的程度往往取決於回授控制系統架構與受控制系統輸入函數的設計。例如圖 2-6-2 所示為最簡單形式的回授

控制系統架構，假設受控制系統輸出函數 y(t) 可以量測獲得，受控制系統輸入函數 f(t) 可設計爲回授控制系統新輸入函數 r(t) 減去輸出函數 y(t) 經比例參數值 Kp 計算後的結果，如式（6-4）所示，式（6-5）則表示該回授控制系統新輸入函數 r(t) 與輸出函數 y(t) 的動態方程式。顯然地，根據 2.2 節的描述，比例參數值 Kp 的設計會影響式（6-5）動態方程式所示特徵方程式的根值形式，亦即會影響輸出函數 y(t) 所呈現的函數形式與量化評估指標。假設 M 值爲 1，B 值爲 3，K 值爲 2，且受控制系統輸入函數 f(t) 爲值 1 的步階函數，則輸出函數 y(t) 可如圖 2-6-6 所示。輸出函數 y(t) 的最終到達值爲 0.5，且上升時間值爲 2.60 秒、延遲時間值爲 1.23 秒、安定時間值爲 3.68 秒、無最大超越量發生。然而，若設計回授控制系統如圖 2-6-2 所示，且設計比例參數 Kp 值爲 8，回授控制系統新輸入函數 r(t) 值爲 1 的步階函數，則輸出函數 y(t) 可如圖 2-6-7 所示。輸出函數 y(t) 的最終到達值爲 0.8，上升時間值爲 0.50 秒、延遲時間值爲 0.40 秒、安定時間值爲 1.66 秒、最大超越量爲 0.14，且發生時間爲 1.12 秒。顯然地，相較於圖 2-6-5 所示開路控制系統輸出函數以及圖 2-6-6 所示受控制系統輸出函數，圖 2-6-2 所示回授控制系統設計明顯改變輸出函數 y(t) 的各項量化評估指標。就輸出函數 y(t) 對輸入函數的反應快慢而言，由於回授控制系統輸出函數的上升時間值、延遲時間值與安定時間值皆小於開路控制系統與受控制系統輸出函數的指標值，因此回授控制系統設計可明顯加快受控制系統對輸入函數的反應。然而，對於理想最終到達目標值 1 而言，最大超越量的發生以及小於 1 的最終到達值，亦表示圖 2-6-2 所示回授控制系統具有輸出誤差值，此往往非爲控制系統的設計目的。因此，更爲適當的回授控制系統設計必須同時使受控制系統的輸出函數 y(t) 加快對輸入函數的反應且具有較低的輸出誤差值。換言之，該回授控制系統設計對於理想最終到達目標值 1 而言，若新輸入函數 r(t) 爲值 1 的步階函數，則輸出函數 y(t) 須具有最終到達值爲 1 且無最大超越量發生，並且具有較小的上升時間值、延遲時間值以及安定時間值。

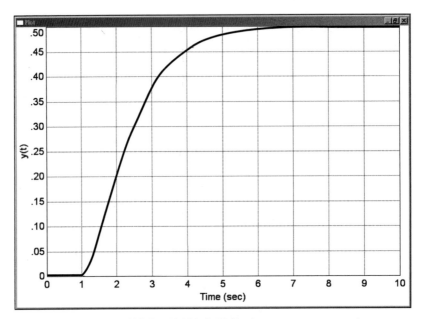

圖 2-6-6　受控制系統輸出函數（M＝1, B＝3, K＝2）

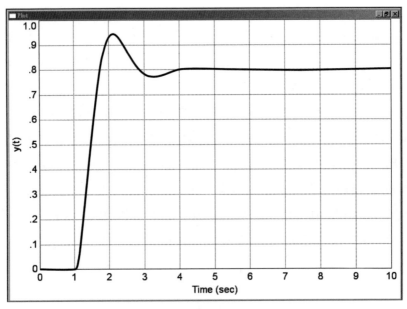

圖 2-6-7　回授控制系統輸出函數（M＝1, B＝3, K＝2, Kp＝8）

若假設受控制系統輸出函數 y(t) 以及其微分項 $\dfrac{dy(t)}{dt}$ 可以量測獲得，則可設計回授控制系統如圖 2-6-8 所示。由於該回授控制系統應用比例參數 Kf、Kp 以及 Kd 設計輸入函數 f(t)，因此稱為多比例參數回授控制系統。由圖 2-6-8 可得知輸入函數 f(t) 的設計如式（6-8）所示：

$$f(t) = Kp\big(Kf \cdot r(t) - y(t)\big) - Kd \cdot \frac{dy(t)}{dt} \tag{6-8}$$

並且，將式（6-8）代入式（6-1）可推導該回授控制系統輸入函數 r(t) 與輸出函數 y(t) 的動態方程式，如式（6-9）所示：

$$M \cdot \frac{d^2 y(t)}{dt^2} + (B + Kd) \cdot \frac{dy(t)}{dt} + (K + Kp) \cdot y(t) = Kp \cdot Kf \cdot r(t) \tag{6-9}$$

顯然地，比例參數 Kf、Kp 以及 Kd 皆會影響動態方程式（6-9）之特徵方程式的根值形式，亦會影響輸出函數 y(t) 所呈現的量化評估指標。假設 M 值為 1，B 值為 3，K 值為 2，且設計比例參數 Kf 值為 $\dfrac{200}{198}$，比例參數 Kp 值為 198，比例參數 Kd 值為 27，回授控制系統輸入函數 r(t) 值為 1 的步階函數，則輸出函數 y(t) 可如圖 6-9所示。輸出函數 y(t) 的最終到達值為 1 且無最大超越量，上升時間值為 0.26 秒、延遲時間值為 0.12 秒、安定時間值為 0.37 秒。顯然地，圖 2-6-8 所示多比例參數回授控制系統，藉由比例參數 Kf、Kp、Kd 的適當設計，可使得輸出函數具有較佳的量化評估指標值。然而，如何設計適當的控制參數亦成為影響輸出函數量化評估指標的重要關鍵因素。圖 2-6-10 比較本章所述控制系統設計與輸出函數評估指標值，可更清楚回授控制系統與控制參數設計的適當性與重要性。

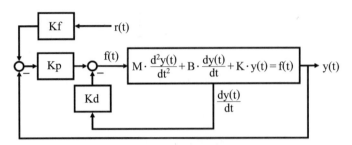

圖 2-6-8　多比例參數回授控制系統

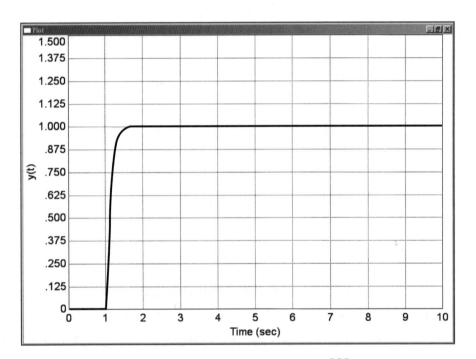

圖 2-6-9　回授控制系統輸出函數（M=1, B=3, K=2, Kf=$\frac{200}{198}$, Kp=198, Kd=27）

控制架構	參數設計		輸出函數	評估指標值
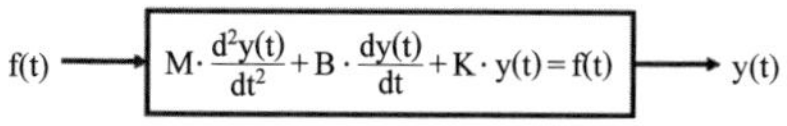 $f(t) \rightarrow \boxed{M \cdot \dfrac{d^2y(t)}{dt^2} + B \cdot \dfrac{dy(t)}{dt} + K \cdot y(t) = f(t)} \rightarrow y(t)$	$M = 1$ $B = 3$ $K = 2$		圖 2-6-6	最終到達值：0.5 上升時間值：2.60 延遲時間值：1.23 安定時間值：3.68 無最大超越量
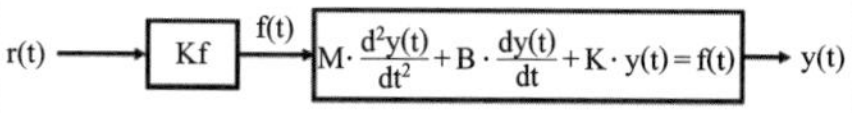 $r(t) \rightarrow \boxed{Kf} \xrightarrow{f(t)} \boxed{M \cdot \dfrac{d^2y(t)}{dt^2} + B \cdot \dfrac{dy(t)}{dt} + K \cdot y(t) = f(t)} \rightarrow y(t)$	$M = 1$ $B = 3$ $K = 2$	$Kf = 2$	圖 2-6-5	最終到達值：1.0 上升時間值：2.60 延遲時間值：1.23 安定時間值：3.68 無最大超越量
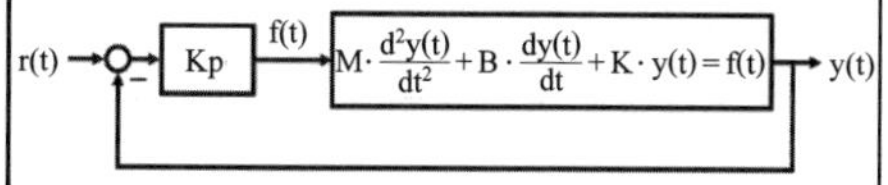 $r(t) \rightarrow \bigcirc \rightarrow \boxed{Kp} \xrightarrow{f(t)} \boxed{M \cdot \dfrac{d^2y(t)}{dt^2} + B \cdot \dfrac{dy(t)}{dt} + K \cdot y(t) = f(t)} \rightarrow y(t)$	$M = 1$ $B = 3$ $K = 2$	$Kp = 8$	圖 2-6-7	最終到達值：0.8 上升時間值：0.50 延遲時間值：0.40 安定時間值：1.66 最大超越量：0.14 發生時間：1.12
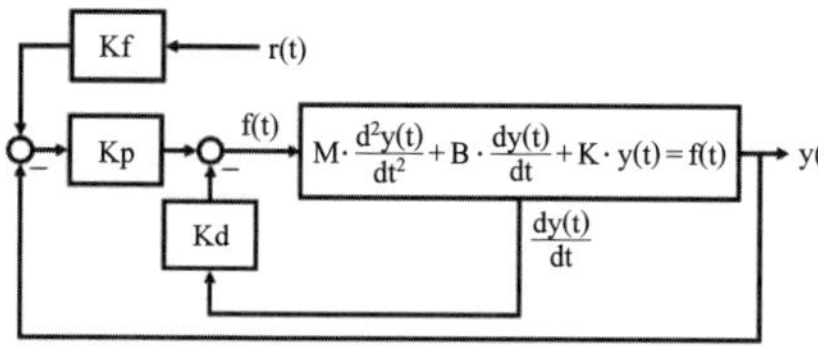 $\boxed{Kf} \leftarrow r(t)$ $\bigcirc \rightarrow \boxed{Kp} \rightarrow \bigcirc \xrightarrow{f(t)} \boxed{M \cdot \dfrac{d^2y(t)}{dt^2} + B \cdot \dfrac{dy(t)}{dt} + K \cdot y(t) = f(t)} \rightarrow y(t)$ $\boxed{Kd} \leftarrow \dfrac{dy(t)}{dt}$	$M = 1$ $B = 3$ $K = 2$	$Kf = \dfrac{200}{198}$ $Kp = 198$ $Kd = 27$	圖 2-6-9	最終到達值：1.0 上升時間值：0.26 延遲時間值：0.12 安定時間值：0.37 無最大超越量

圖 2-6-10　控制系統設計與輸出函數評估指標值比較

2.6.4　本章重點回顧

1. 動態方程式代表力學系統的固有特性，輸出函數所呈現的各項量化評估指標亦皆為固有值。若要改變該系統的輸出函數並使其具有適當的量化評估指標，唯一的方法是施予該系統適當的輸入函數，此即為控制系統的基本觀念。

2. 控制系統設計常定義具有固有特性的力學系統為受控制系統，並且針對該受控制系統的固有特性（或動態方程式）設計適當的輸入函數，用以改變輸出函數隨時

間的變化特性，並使輸出函數具有適當的量化評估指標。

3. 控制系統設計常以方塊圖佐以適當的圖示符號完整表示所設計之控制系統的架構，常用的圖示符號與方塊圖如圖 2-6-1 所示，主要用以表示控制系統的輸入函數與輸出函數以及訊號函數間的相互作用關係。

4. 控制系統動態方程式以及比例控制參數皆以方框圈起形成方塊圖示。圖示符號「→」可配合訊號函數名稱表示該訊號函數的行進方向，圖示符號「○」表示訊號函數的相加運算，若訊號函數圖示符號「→」增加「減號 (-)」圖示符號，表示該訊號函數為「被減」。

5. 控制系統架構若具有可調整的比例參數值，則可藉由該比例參數值的調整使得輸出函數具有適當的量化評估指標。然而，相異的控制架構設計，改變比例參數值對系統動態方程式與輸出函數評估指標的影響亦不同，因此突顯控制系統架構設計的重要性。

6. 開路控制系統架構的特徵在於受控制系統動態方程式的輸入函數設計與輸出函數無關。然而，由於影響輸出函數量化評估指標的動態方程式參數並未因控制架構的設計而改變，因此對輸出函數的影響有限亦無法改變全部的量化評估指標。

7. 由於動態方程式參數分別為輸出函數的微分項係數，若要明顯改變輸出函數並使其具有適當的量化評估指標值，輸入函數必須明顯地與輸出函數的微分項相關，此為回授控制系統架構的基本設計概念。

8. 回授控制系統架構的特徵在於受控制系統的輸入函數設計與輸出函數或其微分項相關。由於控制系統可明顯地表示輸出函數訊號回授至受控制系統的輸入端，因此稱為回授控制系統。

9. 回授控制系統設計時，由於受控制系統輸入函數可依系統輸出函數的變化作適時的調整，因此輸出函數的量化評估指標可較接近目標設定值，且受影響於回授控制系統架構與受控制系統輸入函數的設計。

10. 回授控制系統設計時，由於受控制系統輸入函數與輸出函數的微分項相關，因此往往會具有較多個可調整的比例參數值。藉由適當設計該些比例參數值，可使得受控制系統輸出函數具有適當的量化評估指標值，亦即控制參數的設計為影響量化評估指標的重要關鍵。

2.7 ｜ 控制參數的設計概念

　　回授控制系統架構由於可以設計受控制系統的輸入函數，並且影響輸出函數及其微分項，因此輸入函數可依輸出函數的實際變化作適當的調整，並可藉此改變輸出函數的量化評估指標值。然而，由於輸入函數與輸出函數的微分項相關，回授控制系統設計時往往須同時調整多個比例參數值，方可使輸出函數具有適當的量化評估指標值。由於比例參數值的調整設計深切地影響控制系統輸出函數隨時間的變化特性，該些可調整的比例參數因此稱爲控制系統的控制參數，並且控制參數的設計爲影響輸出函數的變化特性與量化評估指標值的重要關鍵。此外，藉由前述各節的內容可知：

1. 回授控制系統所建立的動態方程式微分項係數或特徵方程式係數與控制參數明顯相關，換言之，調整控制參數值即可改變特徵方程式的根值形式。
2. 特徵方程式的根值形式明顯與輸出函數隨時間的變化特性相關，換言之，調整控制參數值使得回授控制系統特徵方程式具有適當的根值形式，並可使輸出函數具有適當的變化特性。
3. 量化評估指標值（上升時間值、延遲時間值、安定時間值、最大超越量與發生時間值、最終誤差值）可評估輸出函數隨時間的變化特性，並可依此作爲回授控制系統與控制參數設計的評估參考。

　　爲闡述回授控制系統控制參數的設計概念，本節首先介紹控制參數對特徵方程式根值形式的影響，並佐以橫軸爲實軸與縱軸爲虛軸的複數平面進行解說。此外，本節亦介紹特徵方程式根值形式對輸出函數隨時間變化的影響及其關聯性，並由此連結控制參數與輸出函數量化評估指標值的關係。在建立控制參數與量化評估指標值之間的關係後，可說明回授控制系統控制參數的設計方法與步驟。

2.7.1　回授控制系統控制參數與系統特徵方程式根值形式

　　首先回顧第二章所述內容，假設二階常係數線性微分方程式如式（7-1）所示：

$$a\frac{d^2y(t)}{dt^2} + b\frac{dy(t)}{dt} + c\,y(t) = u(t) \qquad （7\text{-}1）$$

在此，微分項係數 $\{a, b, c\}$ 皆爲常數且函數 $u(t)$ 爲步階函數。根據式（7-1）所示之微分方程式，其特徵方程式可如式（7-2）所示：

$$as^2 + bs + c = 0 \qquad （7\text{-}2）$$

並且，依微分項係數 $\{a, b, c\}$ 而異，式（7-2）所示特徵方程式的根值形式分別可爲：

1. 簡單根：表示根值形式爲兩不相同的實數 σ_1 與 σ_2：

$$\left(\sigma_1, \sigma_2\right) = \frac{-b \pm \sqrt{b^2 - 4ac}}{2a},\; b^2 - 4ac > 0 \qquad （7\text{-}3）$$

2. 重根：表示根值形式爲兩相同實數 σ：

$$\sigma = \frac{-b}{2a},\; b^2 - 4ac = 0 \qquad （7\text{-}4）$$

3. 複數根：表示根值形式爲兩共軛複數 $\sigma + \omega i$ 與 $\sigma - \omega i$，並且 σ 與 ω 皆爲實數：

$$\sigma = \frac{-b}{2a}$$
$$\omega = \frac{\sqrt{4ac - b^2}}{2a},\; b^2 - 4ac < 0 \qquad （7\text{-}5）$$

圖 2-7-1 顯示相異根值形式於複數平面的表示：

(a)簡單根：σ_1與σ_2

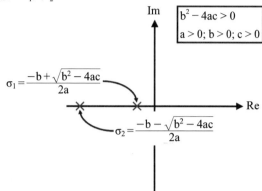

(b)重根：σ

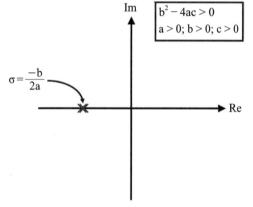

(c)複數根：$\sigma + \omega i$與$\sigma - \omega i$

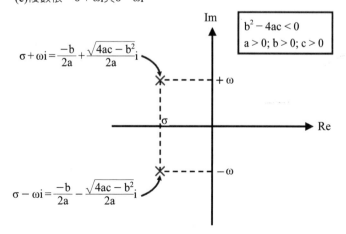

圖 2-7-1　根值形式的複數平面表示

　　根據 2.6 節的敘述，由於受控制系統輸入函數可自動地依系統輸出函數作適當調整，回授控制系統可藉由控制參數值的適當設計，使得受控制系統輸出函數隨時間的變化特性合於設計需求。因此，於探討控制參數設計前，須先決定所採用回授控制系統架構或設計受控制系統輸入函數。由於圖 2-7-2 所示多比例參數回授控制系統可同時回授控制輸出函數 y(t) 及其微分項 $\dfrac{dy(t)}{dt}$，因此用以說明控制參數 Kf、Kp、Kd 與回授控制系統特徵方程式根值形式的關係與影響。由圖 2-7-2 可知，回授控制系統輸入函數 r(t) 與輸出函數 y(t) 的動態方程式可表示如式（7-6）：

$$M \cdot \frac{d^2 y(t)}{dt^2} + (B + Kd) \cdot \frac{dy(t)}{dt} + (K + Kp) \cdot y(t) = Kp \cdot Kf \cdot r(t) \qquad （7\text{-}6）$$

其中，{M, B, K} 表示受控制系統動態方程式之微分項係數，屬於不可變更其值的固定常數；Kf、Kp、Kd 為回授控制系統之控制參數，屬於可設計且變更其值的常數變數；輸入函數 r(t) 為值 1 的步階函數。顯然地，控制參數 Kf、Kp、Kd 的設計會影響式（7-6）所示動態方程式之特徵方程式的根值形式。式（7-6）可再改寫如式（7-7）所示：

$$\frac{M}{Kp \cdot Kf} \cdot \frac{d^2 y(t)}{dt^2} + \frac{B + Kd}{Kp \cdot Kf} \cdot \frac{dy(t)}{dt} + \frac{K + Kp}{Kp \cdot Kf} \cdot y(t) = r(t) \qquad （7\text{-}7）$$

經比較式（7-1）與式（7-7）可知，微分項係數 {a, b, c} 與控制參數 Kf、Kp、Kd 的關係分別為：

$$a = \frac{M}{Kp \cdot Kf} \ , \ b = \frac{B + Kd}{Kp \cdot Kf} \ , \ c = \frac{K + Kp}{Kp \cdot Kf} \qquad （7\text{-}8）$$

$$Kf = \frac{M}{c \cdot M - a \cdot K} \ , \ Kp = \frac{c}{a} M - K \ , \ Kd = \frac{b}{a} M - B \qquad （7\text{-}9）$$

此外，若特徵方程式的根值分別為 s_r^1 與 s_r^2，則由式（7-8）與式（7-9）可知回授控制系統特徵方程式根值 s_r^1 與 s_r^2 對應控制參數 Kf、Kp、Kd 的關係為：

$$Kp = \left(s_r^1 \cdot s_r^2\right) \cdot M - K \text{，} Kd = -\left(s_r^1 + s_r^2\right) \cdot M - B \tag{7-10}$$

$$Kf = \frac{M}{a} \cdot \frac{1}{Kp} = \frac{B + Kd}{b} \cdot \frac{1}{Kp} = \frac{K + Kp}{c} \cdot \frac{1}{Kp} \tag{7-11}$$

換言之，若設計回授控制系統特徵方程式根值 s_r^1 與 s_r^2，則由式（7-10）與式（7-11）可設計控制參數 Kf、Kp、Kd。其中，控制參數 Kf 的作用等效於回授控制系統輸入函數 r(t) 的比例計算，可設計使得回授控制系統的最終到達值差為零。

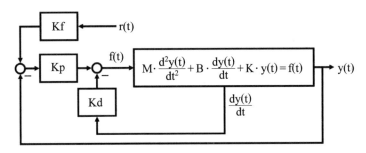

圖 2-7-2　多比例參數回授控制系統

2.7.2 系統特徵方程式根值形式對輸出函數隨時間變化的影響

參考式（7-1）所示二階常係數線性微分方程式，其特徵方程式可如式（7-2）所示。假設 s_r^1 與 s_r^2 分別為式（7-2）所示特徵方程式的根值，則因微分項係數 {a, b, c} 的影響，根值 s_r^1 與 s_r^2 的形式分別為式（7-3）所示之簡單根、式（7-4）所示之重根、以及式（7-5）所示之複數根，且各根值形式於複數平面可圖示如圖 2-7-1。

因此，探討特徵方程式根值形式對二階常係數線性微分方程式輸出函數的影響，必須依簡單根、重根、複數根等根值形式分別說明。

假設式（7-2）所示特徵方程式具有簡單根值 $s_r^1 = \sigma_1$ 與 $s_r^2 = \sigma_2$，如式（7-3）所示。其中，為使式（7-1）所示微分方程式輸出函數 $y(t)$ 隨著時間變化而到達某定值，σ_1 不等於 σ_2（$\sigma_1 \neq \sigma_2$）且 σ_1 與 σ_2 須同時為負根值的實數（$\sigma_1 < 0$ 且 $\sigma_2 < 0$），則輸出函數 $y(t)$ 可如式（2-5）所示：

$$y(t) = \begin{cases} 0 & , \quad t < t_0 \\ \dfrac{1}{a}\left[\dfrac{1}{\sigma_1(\sigma_1 - \sigma_2)} e^{\sigma_1(t-t_0)} + \dfrac{1}{\sigma_2(\sigma_2 - \sigma_1)} e^{\sigma_2(t-t_0)} + \dfrac{1}{\sigma_1\sigma_2} \right] & , \quad t \geq t_0 \end{cases} \qquad (7\text{-}12)$$

假設式（7-2）所示特徵方程式具有重根值 $s_r^1 = \sigma$ 與 $s_r^2 = \sigma$，如式（7-4）所示。同樣地，為使輸出函數 $y(t)$ 可隨著時間增加而到達某定值，σ 須為負根值的實數（$\sigma < 0$），則輸出函數 $y(t)$ 可如式（2-9）所示：

$$y(t) = \begin{cases} 0 & , \quad t < t_0 \\ \dfrac{1}{a}\left[\dfrac{1}{\sigma}(t - t_0) e^{\sigma(t-t_0)} - \dfrac{1}{\sigma^2} e^{\sigma(t-t_0)} + \dfrac{1}{\sigma^2} \right] & , \quad t \geq t_0 \end{cases} \qquad (7\text{-}13)$$

其中，式（7-1）所示微分方程式輸入函數 $u(t)$ 如圖 2-2-1 所示為初始時間 t_0 的步階函數，t 表示輸入函數 $u(t)$ 與輸出函數 $y(t)$ 的時間變數。顯然地，由式（7-12）與式（7-13）可知，輸出函數 $y(t)$ 隨著時間增加會到達定值 $\dfrac{1}{a \cdot s_r^1 \cdot s_r^2}$。因此，若要使輸出函數 $y(t)$ 到達最終值 A 且無評估指標所述之最終誤差值，則微分項係數 a 與特徵方程式根值 s_r^1 與 s_r^2 的關係須滿足式（7-14）所表示的等式：

$$a = \dfrac{1}{A \cdot s_r^1 \cdot s_r^2} \qquad (7\text{-}14)$$

若 s_r^1 與 s_r^2 同時為較小的根值，則輸出函數 y(t) 會以較短的時間到達定值 $\dfrac{1}{a \cdot s_r^1 \cdot s_r^2}$。換言之，輸出函數 y(t) 會具有較短的評估指標上升時間值、延遲時間值以及安定時間值。此外，由於式（7-12）與式（7-13）所示之輸出函數 y(t) 為具有指數函數的上升時間函數形式，因此輸出函數會逐漸收斂到達定值 $\dfrac{1}{a \cdot s_r^1 \cdot s_r^2}$ 且無評估指標所述之最大超越量與發生時間值。圖 2-2-4 與圖 2-2-8 分別圖示特徵方程式簡單根值與重根值對輸出函數的影響。

假設式（7-2）所示特徵方程式具有共軛複數根值 $s_r^1 = \sigma + \omega i$ 與 $s_r^2 = \sigma - \omega i$，如式（7-5）所示。其中，$\sigma$ 與 ω 皆為實數且分別為該複數根值的實部與虛部。由第二章的敘述可知，為使式（7-1）微分方程式的輸出函數 y(t) 可隨著時間增加而收斂到達某定值，σ 須為負實數，且輸出函數 y(t) 可表示如式（2-11）：

$$
y(t) = \begin{cases} 0 & , \quad t < t_0 \\[2mm] \dfrac{1}{c}\left[1 - \dfrac{1}{\sqrt{1 - \dfrac{b^2}{4ac}}}\, e^{\sigma(t - t_0)} \sin\left(\omega(t - t_0) + \cos^{-1}\left(\dfrac{b}{2\sqrt{ac}}\right)\right)\right] & , \quad t \geq t_0 \end{cases} \qquad (7\text{-}15)
$$

參考式（7-5）所示之 σ 與 ω 定義，式（7-15）可再改寫如式（7-16）：

$$
y(t) = \begin{cases} 0 & , \quad t < t_0 \\[2mm] \dfrac{1}{c}\left[1 - \dfrac{1}{\sqrt{1 - \dfrac{\sigma^2}{\sigma^2 + \omega^2}}}\, e^{\sigma(t - t_0)} \sin\left(\omega(t - t_0) + \cos^{-1}\left(\dfrac{-\sigma}{\sqrt{\sigma^2 + \omega^2}}\right)\right)\right] & , \quad t \geq t_0 \end{cases}
$$

$$(7\text{-}16)$$

其中，微分方程式輸入函數為初始時間 t_0 的步階函數且 t 表示輸入與輸出函數的時間變數。由式（7-15）與式（7-16）可知，輸出函數 y(t) 會隨著時間增加而到達定

值 $\frac{1}{c}$。因此，若使輸出函數 $y(t)$ 無評估指標所述之最終誤差值且達到最終值 A，則微分方程式係數 c 須滿足式（7-17）所示的等式條件：

$$c = \frac{1}{A} \tag{7-17}$$

顯然地，當特徵方程式具有共軛複數根值時，輸出函數 $y(t)$ 之最終誤差值與共軛複數根值 (s_r^1, s_r^2) 無關。此外，由式（7-15）與式（7-16）亦可得知：

1. 輸出函數 $y(t)$ 具有與實部值 σ 相關的上升時間指數函數形式，若共軛複數根值具有較小的實部值 σ，則輸出函數 $y(t)$ 可以較短的時間收斂至最終定值 $\frac{1}{c}$，亦即輸出函數 $y(t)$ 具有較短的上升時間值、延遲時間值、安定時間值。圖 2-2-10 顯示共軛複數根值之實部值 σ 對輸出函數的影響。

2. 輸出函數 $y(t)$ 具有與虛部值 ω 相關的正弦函數形式，因此當共軛複數根值具有負實部值時（$\sigma < 0$），輸出函數 $y(t)$ 會呈現短暫時間的震盪且頻率為 $\frac{\omega}{2\pi}$，爾後其震幅會隨著時間增加而逐漸降低，並使輸出函數 $y(t)$ 最終收斂至定值 $\frac{1}{c}$。圖 2-2-11 則顯示共軛複數根值之虛部值 ω 對輸出函數的影響。

亦由於輸出函數 $y(t)$ 所呈現的短暫震盪現象，因此當特徵方程式具有共軛複數根值時，輸出函數 $y(t)$ 具有評估指標所述之最大超越量與發生時間值。

在探討特徵方程式共軛複數根值 $(s_r^1 = \sigma + \omega i, s_r^2 = \sigma - \omega i)$ 與最大超越量（M_p）及其發生時間值（t_p）之間的關係前，須定義變數 ω_n 與 ζ 如式（7-18）所示：

$$\omega_n = \sqrt{\sigma^2 + \omega^2}$$
$$\zeta = \frac{-\sigma}{\sqrt{\sigma^2 + \omega^2}} = \cos(\theta) \tag{7-18}$$

其中，ω_n 表示共軛複數根值與複數平面原點間的距離且 ζ 表示共軛複數根值與複

數平面負實軸間夾角 θ 的餘弦運算，如圖 2-7-3 所示。此外，由式（7-18）可得知：

$$\omega = \omega_n \cdot \sqrt{1 - \zeta^2}$$
$$\sigma = -\zeta \cdot \omega_n \tag{7-19}$$

因此，參考式（7-18）與式（7-19）之定義，式（7-16）可改寫如式（7-20）：

$$y(t) = \begin{cases} 0 & , \quad t < t_0 \\ \dfrac{1}{c}\left[1 - \dfrac{1}{\sqrt{1 - \zeta^2}}\, e^{-\zeta\omega_n(t-t_0)}\sin\!\left(\omega_n\sqrt{1-\zeta^2}\,(t - t_0) + \cos^{-1}(\zeta)\right)\right] & , \quad t \geq t_0 \end{cases} \tag{7-20}$$

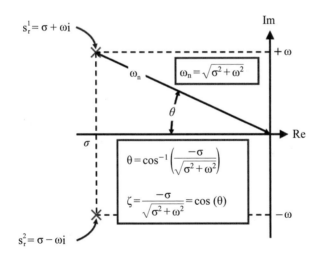

圖 2-7-3　變數 ω_n 與 ζ 的複數平面表示

根據式（7-20）可推導最大超越量（M_p）與發生時間值（t_p）分別為：

$$M_p = \frac{1}{c} \cdot e^{-\frac{\pi\zeta}{\sqrt{1-\zeta^2}}}$$

$$t_p = \frac{\pi}{\omega_n \cdot \sqrt{1-\zeta^2}}$$

（7-21）

明顯地，由式（7-21）可知，當微分方程式係數 c 符合式（7-17）所示條件使得輸出函數 y(t) 達到最終值 A 且無最終誤差值，最大超越量（M_p）僅與變數 ζ 相關。換言之，最大超越量（M_p）僅與共軛複數根值 (s_r^1, s_r^2) 與複數平面負實軸夾角的餘弦運算相關。若共軛複數根值與複數平面負實軸夾角 θ 越大，則變數 ζ 值越小，且輸出函數 y(t) 的最大超越量值越大；反之，若輸出函數 y(t) 的最大超越量值變小，則變數 ζ 值須變大，共軛複數根值與複數平面負實軸夾角 θ 須變小。同時，由式（7-21）亦可得知，當最大超越量（M_p）由微分方程式係數 c 與變數 ζ 確認後成為定值，最大超越量發生時間值（t_p）與變數 ω_n 成反比例的關係。當共軛複數根值與複數平面原點間的距離 ω_n 越遠（表示 ω_n 值越大），則 t_p 值越小，表示輸出函數 y(t) 的最大超越量會越快發生。圖 2-7-4 與圖 2-7-5 可清楚展現式（7-1）所示二階常係數線性微分方程式之輸出函數 y(t) 最大超越量與發生時間值相對於共軛複數根值變數 ζ 與 ω_n 間的關係。假設微分方程式之輸入函數 u(t) 為值 1 且初始時間為 1 秒（$t_0 = 1$）之步階函數，且輸出函數 y(t) 期望達到的最終值為 1（A = 1）。圖 2-7-4 顯示變數 ζ 改變且 ω_n 為固定值時的輸出函數變化曲線與共軛複數根值於複數平面的位置表示；圖 2-7-5 則顯示變數 ω_n 改變且 ζ 為固定值時的輸出函數結果與對應之共軛複數根值位置。明顯地，圖 2-7-4 顯示在相同的變數 ω_n 值，變數 ζ 值越大，表示共軛複數根值與複數平面負實軸間的夾角越小，輸出函數的最大超越量值越小。圖 2-7-5 則清楚顯示，在相同的變數 ζ 值，表示共軛複數根值與複數平面負實軸間具有相同的夾角度，輸出函數亦具有相同的最大超越量值，因此最大超越量值僅與變數 ζ 值相關。然而，當變數 ω_n 值越大，表示共軛複數根值與複數平面原點間的距離越遠，輸出函數的最大超越量發生時間值越小，亦即輸出函數越快發生最大超越量。

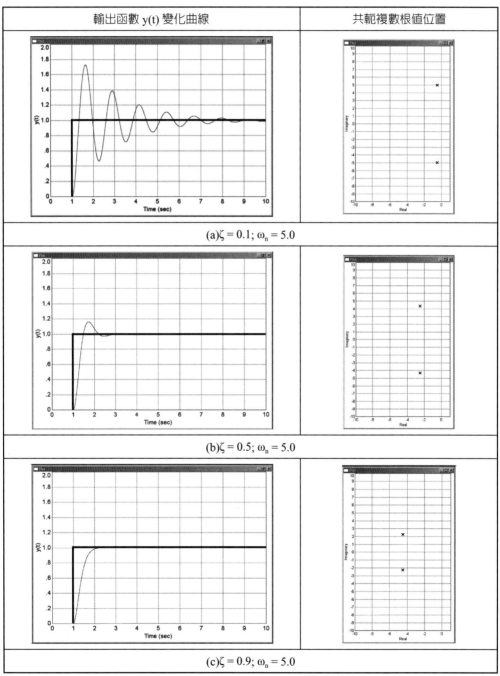

輸出函數 y(t) 變化曲線	共軛複數根值位置

(a)$\zeta = 0.1;\ \omega_n = 5.0$

(b)$\zeta = 0.5;\ \omega_n = 5.0$

(c)$\zeta = 0.9;\ \omega_n = 5.0$

圖 2-7-4　變數 ζ 改變時（ω_n 為固定值）的輸出函數變化

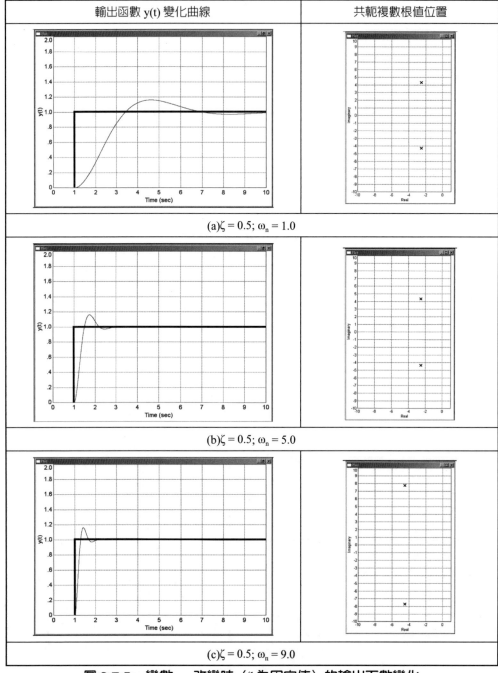

輸出函數 y(t) 變化曲線	共軛複數根值位置
(a)$\zeta = 0.5$; $\omega_n = 1.0$	
(b)$\zeta = 0.5$; $\omega_n = 5.0$	
(c)$\zeta = 0.5$; $\omega_n = 9.0$	

圖 2-7-5　變數 ω_n 改變時（ζ 為固定值）的輸出函數變化

2.7.3 回授控制系統控制參數與輸出函數量化評估指標值的關係

　　2.7.1 節描述圖 2-7-2 所示多比例參數回授控制系統之控制參數 (Kf, Kp, Kd) 與式（7-7）所示系統特徵方程式根值 (s_r^1, s_r^2) 之間的關係，2.7.2 節則敘述系統特徵方程式根值形式 (s_r^1, s_r^2) 對系統輸出函數評估指標值（上升時間值、延遲時間值、安定時間值、最大超越量與發生時間值、最終誤差值）的影響。因此，藉由 2.7.1 節與 2.7.2 節的說明與討論，可連結回授控制系統參數 (Kf, Kp, Kd) 與輸出函數之量化評估指標值（上升時間值、延遲時間值、安定時間值、最大超越量與發生時間值、最終誤差值）的關係，並應用於爾後的控制參數設計。

　　參考圖 2-7-2 所示之多比例參數回授控制系統，式（7-7）可表示該控制系統之動態方程式，且經比較式（7-1）與式（7-7），可知控制參數 Kf、Kp、Kd 可影響式（7-7）所示動態方程式之微分項係數，亦會影響動態方程式之特徵方程式根值形式如下：

1. 簡單根 σ_1 與 σ_2：

$$(\sigma_1, \sigma_2) = \frac{-(B+Kd) \pm \sqrt{(B+Kd)^2 - 4 \cdot M \cdot (K+Kp)}}{2 \cdot M} \qquad （7\text{-}22）$$
$$(B+Kd)^2 > 4 \cdot M \cdot (K+Kp)$$

2. 重根 σ：

$$\sigma = \frac{-(B+Kd)}{2 \cdot M} \qquad （7\text{-}23）$$
$$(B+Kd)^2 = 4 \cdot M \cdot (K+Kp)$$

3.複數根 $\sigma + \omega i$ 與 $\sigma - \omega i$：

$$\sigma = \frac{-(B + Kd)}{2 \cdot M}$$

$$\omega = \frac{\sqrt{4 \cdot M \cdot (K + Kp) - (B + Kd)^2}}{2 \cdot M}$$ （7-24）

$$(B + Kd)^2 < 4 \cdot M \cdot (K + Kp)$$

換言之，若已知受控制系統參數 M、B、K，並由欲達成輸出函數的時間變化曲線與評估指標值確立回授控制系統動態方程式之特徵方程式根值與其形式，則可由式（7-22）、式（7-23）或式（7-24）設計適當的控制參數值 Kf、Kp、Kd，使得回授控制系統輸出函數具有合於設計預期的時間變化曲線與評估指標值。以下舉例說明圖 2-7-2 所示回授控制系統之控制參數 Kf、Kp、Kd 設計。

假設受控制系統參數 M 值為 1，B 值為 3，K 值為 2，且輸入函數 f(t) 為值 1 的步階函數，則輸出函數 y(t) 如圖 2-7-6 所示，具有最終到達值 0.5，上升時間值 2.60 秒、延遲時間值 1.23 秒、安定時間值 3.68 秒，且無最大超越量發生。顯然地，欲使輸出函數具有最終到達值 1 與更短的時間評估指標值，則須藉由適當的控制參數設計，改變圖 2-7-2 所示回授控制系統特徵方程式的根值及其形式。

若欲設計控制參數 Kf、Kp、Kd 使回授控制系統輸出函數具有較短的時間評估指標值，可設計參數值使得特徵方程式具有簡單根值 $\sigma_1 = -10$ 與 $\sigma_2 = -20$，亦因此表示須設計控制參數 Kf、Kp、Kd，使得：

$$\frac{-(B + Kd) + \sqrt{(B + Kd)^2 - 4 \cdot M \cdot (K + Kp)}}{2 \cdot M} = -10$$

$$\frac{-(B + Kd) - \sqrt{(B + Kd)^2 - 4 \cdot M \cdot (K + Kp)}}{2 \cdot M} = -20$$ （7-25）

$$(B + Kd)^2 > 4 \cdot M \cdot (K + Kp)$$

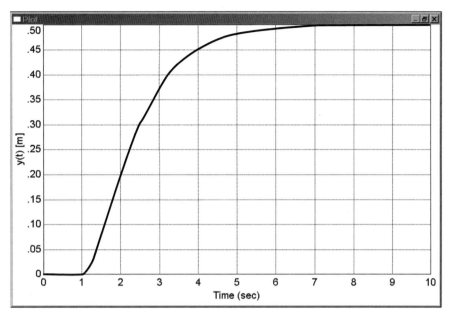

圖 2-7-6 受控制系統輸出函數（M = 1，B = 3，K = 2，f(t) 為值 1 步階函數）

其中，M=1，B=3，K=2。由式（7-25）可設計 Kp = 198 與 Kd = 27，由式（7-12）亦可得知，輸出函數 y(t) 的最終到達值為 $\dfrac{1}{\dfrac{M}{Kp \cdot Kf} \cdot \sigma_1 \cdot \sigma_2}$，因此為使得輸出函數的最終到達值為 1，則須設計參數 $Kf = \dfrac{200}{198}$。採用設計控制參數的回授控制系統輸出函數 y(t)，如圖 2-7-7 所示，最終到達值為 1.0，上升時間值為 0.26 秒，延遲時間值為 0.12 秒，安定時間值為 0.37 秒，且無最大超越量發生。

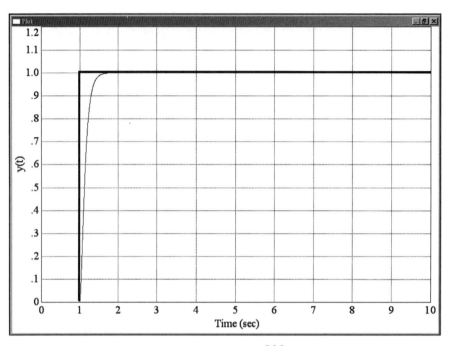

圖 2-7-7　回授控制系統輸出函數（$Kf = \dfrac{200}{198}$，$Kp = 198$，$Kd = 27$）

　　若欲設計控制參數 Kf、Kp、Kd 使得回授控制系統特徵方程式具有重根值 σ = −10，因此：

$$\frac{-(B + Kd)}{2 \cdot M} = -10$$
$$(B + Kd)^2 = 4 \cdot M \cdot (K + Kp) \qquad (7\text{-}26)$$

由式（7-26）可設計 Kp = 98 與 Kd = 17，此外，由式（7-13）亦可知輸出函數 y(t) 的最終到達值為 $\dfrac{1}{\dfrac{M}{Kp \cdot Kf} \cdot \sigma^2}$，因此須設計參數 $Kf = \dfrac{100}{98}$，使得輸出函數的最終到達值為 1。圖 2-7-8 所示為採用設計控制參數的回授控制系統輸出函數 y(t)，最終到達值為 1.0，上升時間值為 0.33 秒，延遲時間值為 0.17 秒，安定時間值為 0.47 秒，且無最大超越量發生。

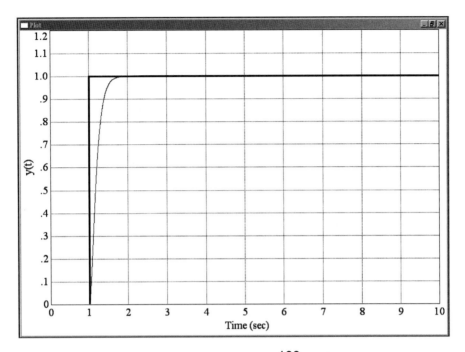

圖 2-7-8　回授控制系統輸出函數（$Kf = \dfrac{100}{98}$, $Kp = 98$, $Kd = 17$）

若考量輸出函數之最大超越量與發生時間值，設計控制參數 Kf、Kp、Kd 使得回授控制系統特徵方程式具有共軛複數根值 σ = −5 與 ω = 3，因此可設計控制參數使得：

$$\frac{-(B+Kd)}{2 \cdot M} = -5$$

$$\frac{\sqrt{4 \cdot M \cdot (K+Kp) - (B+Kd)^2}}{2 \cdot M} = 3 \tag{7-27}$$

$$(B+Kd)^2 < 4 \cdot M \cdot (K+Kp)$$

式（7-27）可設計 Kp = 32 與 Kd = 7。式（7-15）可知輸出函數 y(t) 的最終到達值為 $\dfrac{1}{\dfrac{K+Kp}{Kp \cdot Kf}}$，因此設計參數 $Kf = \dfrac{34}{32}$ 可使得輸出函數最終到達值為 1。圖 2-7-9 顯示

回授控制系統輸出函數 y(t)，最終到達值為 1.0，上升時間值為 0.46 秒，延遲時間值為 0.27 秒，安定時間值為 0.64 秒，最大超越量 0.0053 與發生時間 1.04 秒。

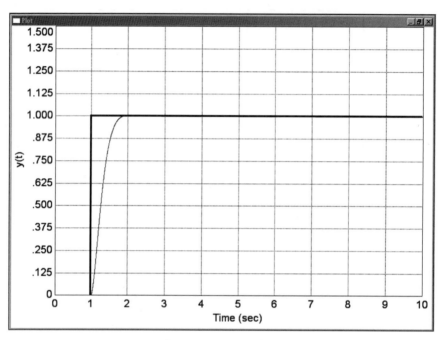

圖 2-7-9　回授控制系統輸出函數（Kf = $\frac{34}{32}$, Kp = 32, Kd = 7）

2.7.4　控制參數設計方法及步驟

藉由前述各節的內容說明可知，設計控制系統參數之前，必須先選擇或設計適當的控制系統架構。簡單的控制系統架構，如圖 2-6-4 所示的開路控制系統或圖 2-6-2 與圖 2-6-3 所示的回授控制系統，雖然可以簡化控制參數的設計過程，但卻受限於控制的自由度而往往無法同時達成所指定的各項量化評估指標（輸出函數的上升時間、延遲時間、安定時間、最大超越量與發生時間、最終誤差）。因此，若須同時達成輸出函數的各項量化評估指標指定值，必須採用較為複雜的控制系統設計，如圖 2-6-8 所示的多比例參數回授控制系統架構。控制系統架構的設計與選用

往往密切相關於工程師的設計經驗或繁瑣的數學推導過程。然而，圖 2-6-8 所示的多比例參數回授控制系統已可適當地控制 2.3 與 2.4 節所述之力學系統，並使其輸出函數可達到合於設計預期的評估指標值，因此讀者們可參考本書關於該控制系統的設計敘述並廣泛應用。

　　完成控制系統架構設計與選用，即可進行該控制系統的控制參數設計，其步驟可如下敘述：

1. 參考已完成之控制系統架構，推導控制系統特徵方程式。藉由圖 2-6-1 所示控制系統圖示符號與系統訊號函數間的關係，可推導回授控制系統輸入函數與輸出函數之控制系統動態方程式，爾後依此動態方程式可建立系統特徵方程式並完成控制參數與特徵方程式根值的關係。

2. 設計預期達成的輸出函數評估指標值，包括：上升時間值、延遲時間值、安定時間值、最大超越量與發生時間值以及最終誤差值等。在此，工程師們須特別注意所設計評估指標值的可達性，例如對於具有較大物體質量的力學系統，將無法透過適當的控制系統與參數設計，使得質量物體的位置輸出函數具有過短的上升時間值。

3. 根據所設計之輸出函數評估指標值，決定控制系統特徵方程式的根值形式。若欲使得輸出函數具有較短的上升時間值且無最大超越量發生，則須設計特徵方程式的根值形式為具有較小值的簡單根或重根；若須設計使得輸出函數具有適當的上升時間值與最大超越量值，則特徵方程式的根值形式須為共軛複數根，且具有適當的 ω_n 值與 ζ 值。

4. 連結已建立之控制參數與特徵方程式根值的關係（依據 1. 的結論）以及已設計之特徵方程式根值形式（依據 3. 的結論），可推導特徵方程式根值形式所對應之控制參數值。在此，對於具有較多比例控制參數之回授控制系統，須透過繁瑣的變數代換過程方可完成控制參數值推導。

5. 實現所設計之控制系統架構並應用所設計之控制參數值，實驗並評估控制系統輸出函數是否符合所設計之評估指標值。理論設計過程可一次完成控制參數的設計。然而，實際應用時，由於力學系統模式化過程往往存在著些許的不確定因素，以及實現控制系統架構的軟體與硬體能力限制，上述控制參數

的設計步驟須反覆進行，方可使控制系統輸出函數確實符合預期達成的評估指標值。

2.7.5　本章重點回顧

1. 回授控制系統架構可以設計受控制系統的輸入函數，並且影響輸出函數及其微分項，因此可影響受控制系統輸出函數的量化評估指標值。然而，回授控制系統應用時往往須同時調整多個比例參數值，方可控制輸出函數具有所設計之評估指標值，因此該些可調整的比例參數稱為該控制系統的控制參數。

2. 回授控制系統所建立的動態方程式或特徵方程式明顯相關於該控制系統的控制參數，因此改變控制參數值即可改變特徵方程式的根值形式，並影響控制系統輸出函數的量化評估指標值，亦可依此指標值作為回授控制系統與控制參數設計時的重要參考。

3. 由於圖 2-7-2 所示多比例參數回授控制系統使得受控制系統輸入函數可自動地依系統輸出函數及其微分項作適當調整，因此可藉由控制參數值 Kf、Kp、Kd 的適當設計，使得受控制系統輸出函數隨時間的變化特性合於設計需求，具有所設計之評估指標值。

4. 若已設計回授控制系統特徵方程式的根值形式，則可依此設計控制參數 Kf、Kp、Kd，其中，特徵方程式根值形式可決定控制參數 Kp、Kd 的設計值，且控制參數 Kf 可設計使得控制系統輸出函數的最終誤差值為零。

5. 當回授控制系統特徵方程式的根值形式為共軛複數根，則控制系統輸出函數具有最大超越量，且最大超越量值及其發生時間值與變數 ω_n 及 ζ 相關，其中，ω_n 表示共軛複數根值與複數平面原點間的距離，ζ 表示共軛複數根值與複數平面負實軸間夾角 θ 的餘弦運算。

6. 回授控制系統之控制參數設計步驟：
   (1)參考已完成之控制系統架構，推導控制系統特徵方程式並建立控制參數與特徵方程式根值的關係。
   (2)設計預期達成的輸出函數評估指標值。

(3)根據所設計之輸出函數評估指標值，決定控制系統特徵方程式的根值形式。

(4)連結已建立之控制參數與特徵方程式根值的關係以及已設計之特徵方程式根值形式，推導特徵方程式根值形式所對應之控制參數值。

(5)實現所設計之控制系統架構並應用所設計之控制參數值，實驗並評估控制系統輸出函數是否符合所設計之評估指標值。

2.8 ｜ 回授控制系統設計範例

藉由前述各節的說明可知，回授控制系統設計過程可分成下列步驟進行：

1. 模式化受控制質量物體的力學系統。應用 2.3 節所介紹牛頓運動定律，可推導力學系統描述質量物體運動行為的常係數線性微分方程式，且該微分方程式可敘述質量物體的位置／速度／加速度與物體所受總和作用力間的關係。

2. 評估力學系統質量物體的運動行為。應用本書第四章所介紹輸出函數的量化評估指標：上升時間值、延遲時間值、安定時間值、最大超越量與發生時間值以及最終誤差值，可量化並評估質量物體的運動特性。

3. 對於模式化的力學系統設計適當的回授控制系統架構與對應的控制參數。應用本書 2.6 節與 2.7 節所介紹回授控制系統與參數設計方法及步驟：

(1)參考已完成之控制系統架構，推導控制系統特徵方程式並建立控制參數與特徵方程式根值的關係。

(2)設計預期達成的輸出函數評估指標值。

(3)根據所設計之輸出函數評估指標值，決定控制系統特徵方程式的根值形式。

(4)連結已建立之控制參數與特徵方程式根值的關係以及已設計之特徵方程式根值形式，推導特徵方程式根值形式所對應之控制參數值。

(5)實現所設計之控制系統架構並應用所設計之控制參數值，實驗並評估控制系統輸出函數是否符合所設計之評估指標值。

由此，本節應用圖 2-8-1 所示力學系統說明上述回授控制系統設計過程，使讀者們

179

可更加瞭解本書所敘述回授控制系統設計之方法與步驟，亦可體會回授控制系統設計與應用的多樣性。

參考圖 2-8-1 所示力學系統。假設具有質量 M 等於 1kg 之物體懸掛於空間中，且物體上方有施加作用力 f(t) 可使該物體作垂直上下的移動，物體移動位置可由時間函數 y(t) 描述，且物體初始位置為零；在此，忽略質量物體於空間中移動的阻力，則可模式化該質量物體在空間中的動態方程式如式（8-1）二階常係數線性微分方程式所示：

$$M \frac{d^2 y(t)}{dt^2} = f(t) - M \cdot g \tag{8-1}$$

其中，g 表示重力加速度值約為 9.8 公尺／秒^2，並且物體移動位置 y(t)、速度 $\dot{y}(t)$ = v(t) 與加速度 $\ddot{y}(t)$ = a(t) 可應用適當的感測器量測得知；在此，試設計回授控制系統使質量物體可移動至初始位置上方 1 公尺的目標位置。

進行回授控制系統設計前，可先檢視質量物體的運動行為。圖 2-8-2 顯示該力學系統質量物體受到 1[N] 施加作用力作用時的加速度 a(t)、速度 v(t) 與移動位置 y(t) 反應。明顯地，由於施加作用力直接影響物體移動的加速度，因此對物體移動速度會造成時間的一次函數變化，對物體移動位置則會造成時間的二次函數變化。此外，由於質量物體受到重力的影響且施加作用力無法完全克服該影響（f(t) < Mg），因此物體移動加速度、速度與位置值皆為負值，亦即質量物體會持續落下且速度越來越快。由此可知，為使質量物體可移動至目標位置，須採用適當的回授控制系統設計。

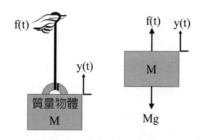

圖 2-8-1　懸掛質量物體力學系統

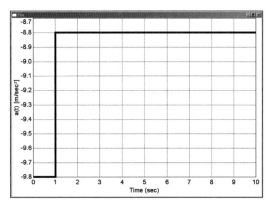

(a)移動加速度a(t)

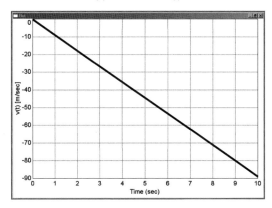

(b)移動速度v(t)

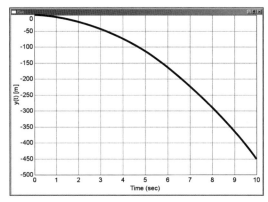

(c)移動位置y(t)

圖 2-8-2　**質量物體的運動行為（f(t) = 1[N]）**

2.8.1 參考輸出位置函數之控制系統設計

本節回授控制系統設計主要是以受控制系統輸出函數隨時間的變化特性爲參考依據，目的是使得受控制系統的輸出函數最終可達目標位置且其評估指標值合於設計規範。

一、設計控制系統架構且建立控制參數與系統特徵方程式的根值關係

現階段已知圖 2-8-1 所示力學系統質量物體的動態方程式如式（8-1）所示，則可應用比例參數 Kf、Kp 以及 Kd 設計輸入函數 f(t) 如式（8-2）所示：

$$f(t) = Kf \cdot r(t) - Kd \cdot \frac{dy(t)}{dt} - Kp \cdot y(t) + M \cdot g \qquad (8\text{-}2)$$

其中，輸入函數 f(t) 包含重力項（M·g）的目的在於抵銷式（8-1）所示動態方程式質量物體的重力影響。此時，將受控制系統輸入函數式（8-2）代入力學系統動態方程式（8-1），則可推導回授控制系統輸入函數 r(t) 與輸出函數 y(t) 的動態方程式：

$$M \cdot \frac{d^2 y(t)}{dt^2} + Kd \cdot \frac{dy(t)}{dt} + Kp \cdot y(t) = Kf \cdot r(t) \qquad (8\text{-}3)$$

圖 2-8-3 顯示本節所設計之回授控制系統架構圖，顯然與圖 2-6-8 所示多比例參數回授控制系統架構不同，但是比例參數 Kp 與 Kd 亦皆會改變式（8-3）所示動態方程式之特徵方程式根值形式如下：

1.簡單根 σ_1 與 σ_2：

$$(\sigma_1, \sigma_2) = \frac{-Kd \pm \sqrt{Kd^2 - 4 \cdot M \cdot Kp}}{2M}, \ Kd^2 - 4 \cdot M \cdot Kp > 0 \qquad (8\text{-}4)$$

2. 重根 σ：

$$\sigma = \frac{-Kd}{2M}, Kd^2 - 4 \cdot M \cdot Kp = 0 \qquad （8\text{-}5）$$

3. 複數根 σ + ωi 與 σ − ωi：

$$\sigma = \frac{-Kd}{2M}$$

$$\omega = \frac{\sqrt{4 \cdot M \cdot Kp - Kd^2}}{2M}, Kd^2 - 4 \cdot M \cdot Kp < 0 \qquad （8\text{-}6）$$

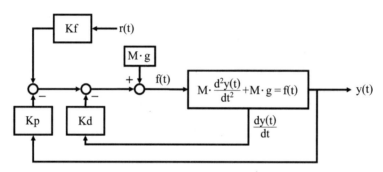

圖 2-8-3　式（8-3）所示回授控制系統

二、設計預期達成輸出函數的評估指標值

　　本節所述設計範例須設計控制參數 Kf、Kp、Kd 使回授控制系統輸出函數具有較短的上升時間值、延遲時間值以及安定時間值。此外，當輸入函數為步階函數且輸出函數具有最大超越量發生時，回授控制系統往往可較快反應輸入函數 r(t) 的變化，因此可設計控制參數使輸出函數 y(t) 具有些微超越量發生。由於回授控制系統尚須設計使質量物體可移動至 1 公尺的目標位置，因此當輸入函數 r(t) 為值 1 的步階函數時，輸出函數的最終誤差值應為零值。

三、決定系統特徵方程式的根值形式

根據本節範例所設計預期達成的輸出函數評估指標值，輸出函數須具有較短的時間指標值，因此特徵方程式的根值形式須為具有較大負根值的簡單根或重根，或具有較大負實部值的複數根。輸出函數可具有些微超越量，因此特徵方程式的根值形式須為複數根。由此可決定系統特徵方程式的根值分別為 $-10 + 10i$ 與 $-10 - 10i$。

四、推導特徵方程式根值形式的對應控制參數值

由於系統特徵方程式的根值分別設計為 $-10 + 10i$ 與 $-10 - 10i$，亦即式（8-6）所示共軛複數根值 $\sigma + \omega i$ 與 $\sigma - \omega i$，其中 $-10 = \dfrac{-Kd}{2M}$ 且 $10 = \dfrac{\sqrt{4 \cdot M \cdot Kp - Kd^2}}{2M}$，在此範例中，M=1[kg]，因此可計算控制參數 Kp 與 Kd 分別為：Kp = 200 與 Kd = 20。此外，由於式（8-3）所示動態方程式之最終到達值為 $\dfrac{Kf}{Kp}$，為使輸出函數 y(t) 的最終誤差值為零值，須設計 Kf = Kp，亦即 Kf = 200。

五、實現並評估控制系統的輸出函數

圖 2-8-4 顯示圖 2-8-1 之質量物體力學系統採用圖 2-8-3 之回授控制系統架構，質量物體移動加速度 a(t)、速度 v(t) 以及位置 y(t) 的運動行為。並且，為達到預期達成的設計目標，圖 8-3 所示回授控制系統自動產生的受控制系統輸入訊號 f(t) 亦於圖 2-8-4 表示。回授控制系統輸出質量物體移動位置函數 y(t)，其最終到達值為 1.0，上升時間值為 0.15 秒，延遲時間值為 0.1 秒，安定時間值為 0.21 秒，最大超越量 0.04 與發生時間 0.32 秒。顯然地，為使質量物體的移動位置變化合於預期的設計目標，亦即輸出函數須具有較短的上升時間、延遲時間以及安定時間，回授控制系統必須在質量物體移動初期即施加較大的作用力，使得質量物體可快速移動，最大的施加作用力可達到 205[N]。然而，突然施加的較大作用力會使得質量物體有過度改變的移動位置，亦即輸出位置函數有超越量發生，因此施加於質量物體的作用力必須快速降低且反向至 32[N]，用以快速修正質量物體的移動位置改變。最後，當質量物體達到目標位置且維持在該位置時，圖 2-8-1 所示力學系統會維持在靜力平衡的狀態，因此施加於質量物體的作用力僅需克服物體重力的影響，作用力

值爲 9.8[N]。質量物體受施加作用力影響的移動位置改變期間，正向與反向加速度
值最大可分別達到 200[m/sec²] 與 41[m/sec²]，且正向與反向最大速度值則可分別達
到 6[m/sec] 與 0.2[m/sec]。圖 8-5 顯示質量物體受回授控制之位置變化。由於移動
位置函數 y(t) 有最大超越量發生，因此可得知質量物體在運動期間，其位置會些微
超過預期的目標位置而最終到達目標位置。

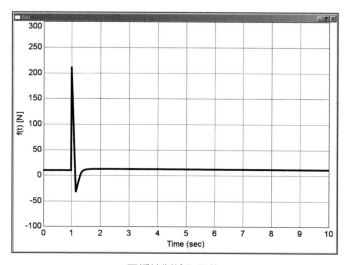

(a) 回授控制輸入函數 f(t)

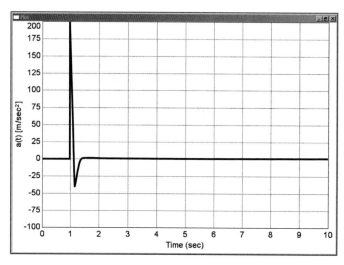

(b) 物體移動加速度 a(t)

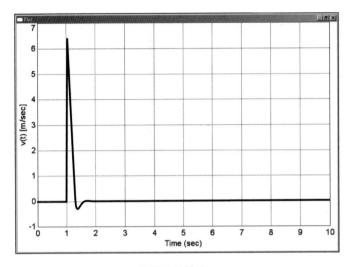

(c) 物體移動速度 v(t)

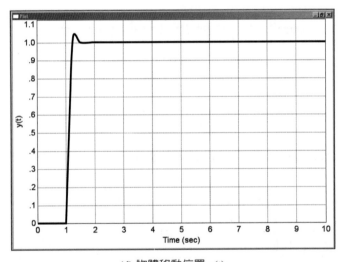

(d) 物體移動位置 y(t)

圖 2-8-4　回授控制質量物體的運動行為（Kf = 200, Kp = 200, Kd = 20）

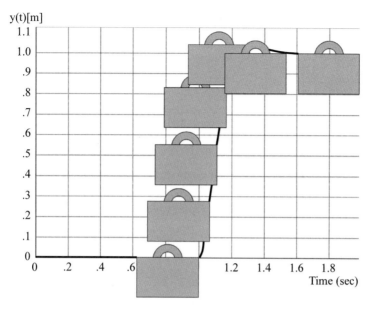

圖 2-8-5　回授控制質量物體的位置變化

2.8.2　參考位置誤差函數之控制系統設計

定義誤差函數 e(t) 為回授控制系統輸入函數 r(t) 與輸出函數 y(t) 的差，如式
（8-7）所示：

$$e(t) = r(t) - y(t) \tag{8-7}$$

並且，誤差函數的一次微分 $\dfrac{de(t)}{dt}$ 與二次微分 $\dfrac{d^2e(t)}{dt^2}$ 關係式如式（8-8）所示：

$$\begin{aligned} \frac{de(t)}{dt} &= \frac{dr(t)}{dt} - \frac{dy(t)}{dt} \\ \frac{d^2e(t)}{dt^2} &= \frac{d^2r(t)}{dt^2} - \frac{d^2y(t)}{dt^2} \end{aligned} \tag{8-8}$$

因此，若可藉由適當的回授控制器設計使得誤差函數值隨時間的變化越來越小，則表示回授控制系統的輸出函數 y(t) 將會越來越接近輸入函數 r(t)，並且誤差函數值越快到達零值，亦可表示輸出函數 y(t) 將呈現較短的時間指標值。本節回授控制系統的設計主要是以前述誤差函數隨時間的變化特性為參考依據，目的是使得誤差函數最終可達零值且其評估指標值合於設計規範。在此，本例亦同時展現回授控制系統設計的多樣性與共通性。

一、設計控制系統架構且建立控制參數與系統特徵方程式的根值關係

參考式（8-1）所示質量物體動態方程式以及式（8-7）與式（8-8）所示誤差函數關係式，可以比例參數 Kp 及 Kd 設計輸入函數 f(t) 如式（8-9）所示：

$$f(t) = M \cdot \frac{d^2 r(t)}{dt^2} + Kd \cdot \left(\frac{dr(t)}{dt} - \frac{dy(t)}{dt} \right) + Kp \cdot (r(t) - y(t)) + M \cdot g$$
$$= M \cdot \frac{d^2 r(t)}{dt^2} + Kd \cdot \frac{de(t)}{dt} + Kp \cdot e(t) + M \cdot g \qquad (8\text{-}9)$$

同樣地，輸入函數 f(t) 的重力項（$M \cdot g$）設計抵銷質量物體的重力影響。此時，將式（8-9）所示輸入函數代入動態方程式（8-1），則可推導回授控制系統誤差函數的動態方程式：

$$M \cdot \frac{d^2 y(t)}{dt^2} + M \cdot g = M \cdot \frac{d^2 r(t)}{dt^2} + Kd \cdot \frac{de(t)}{dt} + Kp \cdot e(t) + M \cdot g$$
$$\Rightarrow \ 0 = M \cdot \left(\frac{d^2 r(t)}{dt^2} - \frac{d^2 y(t)}{dt^2} \right) + Kd \cdot \frac{de(t)}{dt} + Kp \cdot e(t) \qquad (8\text{-}10)$$
$$\Rightarrow \ M \cdot \frac{d^2 e(t)}{dt^2} + Kd \cdot \frac{de(t)}{dt} + Kp \cdot e(t) = 0$$

圖 2-8-6 表示本節設計之回授控制系統，與圖 2-8-3 相比較，圖 2-8-6 所示系統架構有明顯的差異且僅須設計比例控制參數 Kp 與 Kd，並且控制參數影響回授控制系統特徵方程式之根值形式如下：

1.簡單根 σ_1 與 σ_2：

$$\left(\sigma_1, \sigma_2\right) = \frac{-Kd \pm \sqrt{Kd^2 - 4 \cdot M \cdot Kp}}{2M}, \quad Kd^2 - 4 \cdot M \cdot Kp > 0 \qquad (8\text{-}11)$$

2.重根 σ：

$$\sigma = \frac{-Kd}{2M}, \quad Kd^2 - 4 \cdot M \cdot Kp = 0 \qquad (8\text{-}12)$$

3.複數根 $\sigma + \omega i$ 與 $\sigma - \omega i$：

$$\sigma = \frac{-Kd}{2M}$$

$$\omega = \frac{\sqrt{4 \cdot M \cdot Kp - Kd^2}}{2M}, \quad Kd^2 - 4 \cdot M \cdot Kp < 0 \qquad (8\text{-}13)$$

有趣地，即使圖 8-3 與圖 8-6 所示回授控制系統架構明顯不同，但是比例控制參數 Kp 與 Kd 對控制系統特徵方程式卻有相同的影響。

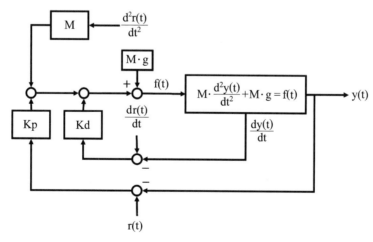

圖 2-8-6　式（8-9）所示回授控制系統

二、設計預期達成輸出函數的評估指標值

同樣地，本範例須設計控制參數 Kp 與 Kd，使得回授控制系統輸出函數具有較短的時間指標值以及零最終誤差值。為了使得回授控制系統可快速反應輸入函數的變化，尚須設計控制參數使輸出函數有些微超越量發生。在本範例中，當輸入函數 r(t) 為值 1 的步階函數時，參考式（8-7）所示誤差函數 e(t) 的定義，前述輸出函數的評估指標值設計可解釋為設計控制參數 Kp 與 Kd，使得回授控制系統誤差函數須快速到達零值。

三、決定系統特徵方程式的根值形式

根據本範例設計輸出函數評估指標值，決定回授控制系統特徵方程式的根值分別為 $-10 + 10i$ 與 $-10 - 10i$。

四、推導特徵方程式根值形式的對應控制參數值

由於圖 2-8-3 與圖 2-8-6 所示回授控制系統之比例控制參數 Kp 與 Kd 對系統特徵方程式的根值形式有相同影響，因此可參考前述範例比例控制參數的設計過程，$-10 + 10i$ 與 $-10 - 10i$ 的根值設計可對應控制參數 Kp 與 Kd 分別為：Kp = 200 與 Kd = 20。

五、實現並評估控制系統的輸出函數

圖 2-8-7 顯示質量物體的加速度／速度／位置運動行為以及輸入訊號 f(t) 與誤差函數 e(t)。明顯地，圖 2-8-7 與圖 2-8-4 所示質量物體的位置函數有相同的時間變化曲線，因此具有相同的輸入訊號 f(t) 與輸出函數評估指標值：

　　1.上升時間值 0.15 秒。

　　2.延遲時間值 0.1 秒。

　　3.安定時間值 0.21 秒。

　　4.最大超越量 0.04[m] 與發生時間 0.32 秒。

　　5.零最終誤差值（最終到達值為 1.0[m]）。

質量物體於移動初期具有較大的位置誤差值，但會隨著時間的變化而快速降低至零值。在此過程中，由於複數根的特徵方程式根值形式設計，誤差函數呈現短暫的下

切現象，位置誤差值爲 −0.04 [m]，並且此時回授控制系統位置輸出函數 y(t) 發生最大超越量 0.04 [m]。圖 2-8-5 亦顯示本節回授控制系統設計範例之質量物體的位置變化。顯然地，即使圖 2-8-3 與圖 2-8-6 所示回授控制系統不同，但卻呈現完全相同的比例控制參數設計與輸出位置函數，可因此表現回授控制系統設計架構的多樣性與輸出函數結果的共通性。

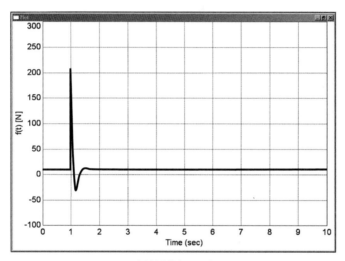

(a) 回授控制輸入函數 f(t)

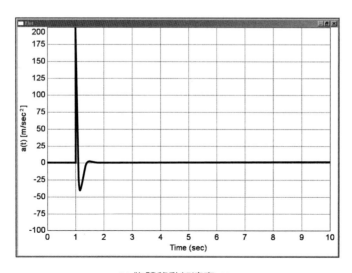

(b) 物體移動加速度 a(t)

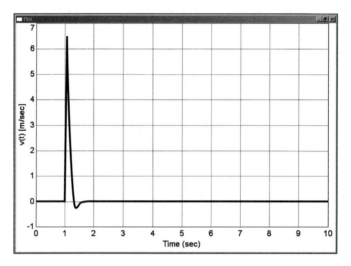

(c) 物體移動速度v(t)

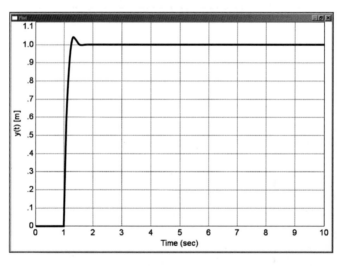

(d) 物體移動位置y(t)

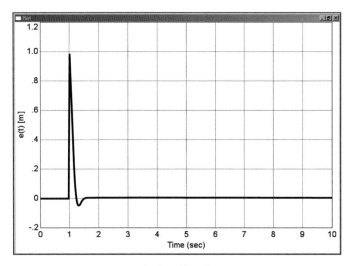

(e) 位置誤差函數e(t)

圖 2-8-7　質量物體運動行為與誤差函數（Kp＝200, Kd＝20）

2.8.3　參考輸出函數與誤差函數之控制系統設計比較

當輸入函數 r(t) 為值 1 的步階函數時，由於函數隨時間的變化率為零，因此其微分函式皆為零值，亦即：

$$\frac{dr(t)}{dt} = 0$$
$$\frac{d^2r(t)}{dt^2} = 0$$

（8-14）

此時，將式（8-14）代入式（8-9）參考誤差函數之控制系統設計，可改寫式（8-9）之輸入函數 f(t) 為：

$$f(t) = Kd \cdot \left(-\frac{dy(t)}{dt}\right) + Kp \cdot \left(r(t) - y(t)\right) + M \cdot g$$
$$= Kp \cdot r(t) - Kd \cdot \frac{dy(t)}{dt} - Kp \cdot y(t) + M \cdot g$$

（8-15）

明顯地，當設計控制參數 Kf = Kp 時，式（8-15）與式（8-2）所示之輸入函數 f(t) 完全相同。換言之，當輸入函數 r(t) 爲值 1 的步階函數時，參考輸出位置函數之控制系統設計與參考位置誤差函數之控制系統設計可得到完全相同的控制參數設計與位置輸出函數結果。然而，當輸入函數 r(t) 爲其他時間函數時，完全相同的控制參數設計是否使得回授控制系統得到相同的輸出函數結果？圖 2-8-8 顯示回授控制系統於 r(t) = t 之輸出函數與誤差函數結果。當控制系統設計參考輸出位置函數時，最大位置誤差爲 0.107[m] 且最終誤差爲 0.1[m]。然而，當控制系統設計參考位置誤差函數時，最大位置誤差爲 −0.061[m] 且最終誤差爲零，位置誤差明顯低於前者。圖 2-8-9 顯示控制系統輸入函數 r(t) = t² 之輸出函數與誤差函數。當採用參考輸出位置函數之控制系統設計時，其誤差函數值會隨著時間增加而增加，亦即控制系統的輸出函數無法追隨輸入函數的變化而偏離預期的目標位置越來越遠。然而，當控制系統設計仍參考位置誤差函數時，最大位置誤差爲 −0.0049[m] 且最終誤差爲 −0.0047[m]，位置誤差亦明顯低於前者。由此可知，即使輸入函數爲步階函數且控制系統設計得到完全相同的輸出函數結果，工程師仍不能結論控制系統設計的優劣，亦因此在實際的控制系統設計場合，有時會採用不同的輸入函數 r(t)，例如：時間的一次函數 r(t) = t 與二次函數 r(t) = t²，並以誤差函數隨時間的變化曲線評估設計的控制系統。

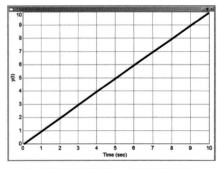

參考輸出位置函數之控制系統設計

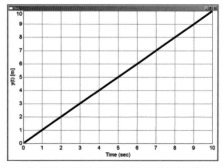

參考位置誤差函數之控制系統設計

(a) 物體移動位置函數 y(t)

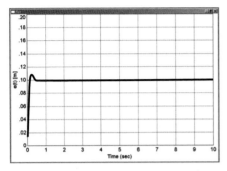 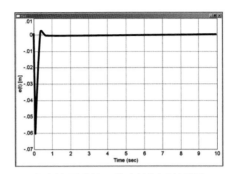

參考輸出位置函數之控制系統設計　　　　參考位置誤差函數之控制系統設計

(b) 物體移動誤差函數 e(t)

圖 2-8-8　質量物體位置函數與誤差函數（r(t) = 1, Kp = 200, Kd = 20, Kf = Kp）

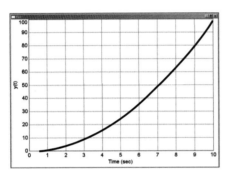 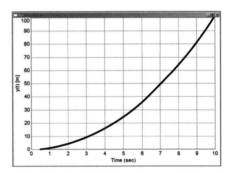

參考輸出位置函數之控制系統設計　　　　參考位置誤差函數之控制系統設計

(a) 物體移動位置函數 y(t)

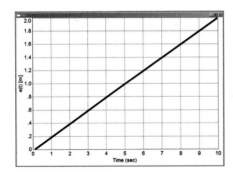 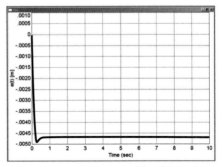

參考輸出位置函數之控制系統設計　　　　參考位置誤差函數之控制系統設計

(b) 物體移動誤差函數 e(t)

圖 2-8-9　質量物體位置函數與誤差函數（r(t) = t², Kp = 200, Kd = 20, Kf = Kp）

2.8.4　本章重點回顧

1. 回授控制系統設計過程可以下列步驟進行：

    (1)模式化受控制質量物體的力學系統；

    (2)評估力學系統質量物體的運動行為；

    (3)對於模式化的力學系統設計適當的回授控制系統架構與對應的控制參數。

2. 回授控制系統與參數設計方法及步驟：

    (1)設計控制系統架構且建立控制參數與系統特徵方程式的根值關係；

    (2)設計預期達成輸出函數的評估指標值；

    (3)決定系統特徵方程式的根值形式；

    (4)推導特徵方程式根值形式的對應控制參數值；

    (5)實現並評估控制系統的輸出函數。

3. 本節介紹參考輸出函數之控制系統設計，主要是以受控制系統輸出函數隨時間的變化特性為參考依據，目的是使得輸出函數最終可達目標位置且其評估指標值合於設計規範。

4. 定義誤差函數為回授控制系統輸入函數與輸出函數的差，本節介紹參考誤差函數之控制系統設計，主要是以誤差函數隨時間的變化特性為參考依據，目的是使得誤差函數最終可達零值且輸出函數之評估指標值亦合於設計規範。

5. 當輸入函數為步階函數且輸出函數具有最大超越量發生時，回授控制系統往往可較快反應輸入函數的變化，因此可設計控制參數使輸出函數具有些微超越量發生。

6. 回授控制系統設計具有控制架構的多樣性與輸出函數結果的共通性。

7. 當控制系統設計得到完全相同的輸出函數結果，工程師不能依此結論控制系統設計的優劣，因此會採用不同的輸入函數，並以誤差函數隨時間的變化曲線評估設計。

2.9 ｜ 自動控制系統的進階課題

　　正如第一章所敘述，所謂的「控制系統」是指「藉由某些方法或手段使得執行工作的個體或群體達成某些目標」。然而，系統所表示之「執行工作的個體或群體」，其實際的運作特性往往複雜且難以數學方式模式化。換言之，本書所敘述的控制系統設計基礎概念可能無法全面地解決實際系統所造成的問題，但是仍可以近似的方式部分地解決實際系統的控制設計問題。因此，本書作為自動控制系統設計的基礎概念介紹，有必要就實際系統的運作特性以及常用的控制方法與技巧進行概略性的描述，使讀者們可由系統的實際運作特性，選擇並研讀適當的控制系統設計方式。本節先介紹實際系統的「線性與非線性」以及「時變與非時變」操作特性，然後簡要地說明因應系統操作特性所衍生的「強健控制與適應控制」設計方式。控制系統設計的研究過程極度仰賴數學理論的分析與應用，因此控制理論往往亦視為應用數學的重要研究領域。實際的自動控制系統設計過程，須先進行控制理論的分析與研究，方可獲得合於預期、穩定可靠、快速準確的控制結果。本章因此簡要地介紹控制理論發展，並說明基於電腦技術快速發展所建立的智慧化控制技術。控制系統的設計結果必須實現方有實際應用的價值，由於電腦與單晶片技術的快速發展，數位化的實現方式如今已經成為自動控制系統發展與應用的主要趨勢，本章因此亦簡要敘述數位控制系統的基本概念。大學教育著重在專業基礎知識與技能的培養，特別是自動控制系統課程的規劃，可建立未來深入控制系統設計的理論基礎。因此，本章最後概述大學階段的自動控制系統課程規劃，可作為讀者們學習自動控制系統設計的入門參考。

2.9.1 線性系統與非線性系統

　　依據對輸入訊號的運作特性，系統可分為線性系統與非線性系統。符合輸入訊號重疊運作特性的系統稱為線性系統，否則即為非線性系統。如圖 2-9-1 所示，若系統輸入訊號為 A 時的輸出訊號為甲，系統輸入訊號為 B 時的輸出訊號為乙，此

時，如果將輸入訊號 A 乘以倍率 α，輸入訊號 B 乘以倍率 β，並且將倍率改變後的輸入訊號 αA 與 βB 作加減運算合成使之成為輸入訊號（αA ± βB）。如果輸入訊號（αA ± βB）對系統可以造成輸出訊號的合成結果（α甲 ± β乙），亦即系統運作可加減運算合成輸入訊號 αA 的輸出訊號 α甲與輸入訊號 βB 的輸出訊號 β乙，表示系統運作符合輸入訊號重疊特性，此時該系統可以稱為線性系統；相對地，如果系統對合成輸入訊號（αA ± βB）無法運作產生合成輸出訊號（α甲 ± β乙），則該系統為非線性系統。

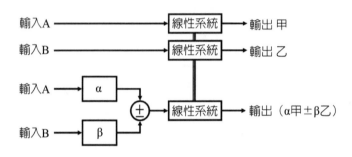

圖 2-9-1　線性系統的輸入訊號重疊運作特性

　　回顧摩擦力的種類有：靜摩擦力、庫倫摩擦力與黏滯摩擦力。其中，靜摩擦力為抵抗物體開始運動的力，庫倫摩擦力為抵抗物體運動時的力，黏滯摩擦力為抵抗物體運動並且與物體運動時的速度呈正比例關係。當機械系統具有靜摩擦力時，造成質量物體運動所需的輸入驅動力必須先克服質量物體與環境接觸面間的靜摩擦力。換言之，當輸入驅動力低於靜摩擦力時的質量物體尚未運動，此時的機械系統輸入尚無法造成任何的運動輸出，因此機械系統運作無法符合輸入訊號的重疊特性，具有靜摩擦力的機械系統為非線性系統。由於庫倫摩擦力僅相關於質量物體與環境的接觸面特性，當質量物體開始運動時就會產生對物體運動的固定抵抗力，不受輸入驅動力的影響而改變。因此，當機械系統具有庫倫摩擦力時，機械系統運作亦無法符合輸入訊號的重疊特性，具有庫倫摩擦力的機械系統亦為非線性系統。黏滯摩擦力雖然抵抗物體的運動，但由於黏滯摩擦力值與物體運動速度呈正比例關係，當輸入驅動力改變時造成物體的運動速度改變，使得黏滯摩擦力值亦與輸入驅

動力呈現正比例的改變。因此，當機械系統僅具有黏滯摩擦力時，機械系統運作可以符合輸入訊號的重疊特性，機械系統此時爲線性系統。由於機械系統運作時，通常會同時受到靜摩擦力、庫倫摩擦力與黏滯摩擦力的影響，因此機械系統常爲非線性系統。然而，藉由適當的驅動方法與機械設計，例如：改變質量物體與環境接觸面爲磁浮、氣浮或靜液壓方式，可改善摩擦力對機械系統運動的影響，並可使得機械系統的運作特性接近線性系統。

2.9.2　時變系統與非時變系統

根據系統隨著時間的運作特性，系統亦可分爲時變系統與非時變系統；若系統的輸入與輸出運作特性不會隨著時間改變，則該系統爲非時變系統，否則即爲時變系統。如圖 2-9-2 所示，系統輸入訊號爲 A 時的輸出訊號爲甲，如果將輸入訊號 A 延遲一段時間 t_0 再輸入到系統內，並且系統此時的輸出訊號表現爲輸出訊號甲延遲相同的時間 t_0，即表示系統具有不隨時間改變的運作特性，因此爲非時變系統。然而，如果系統爲時變系統，即表示系統的運作特性會隨著時間改變，因此如果將輸入訊號 A 延遲一段時間後輸入到系統內，系統此時的輸出將表現出與輸出訊號甲完全不同的結果。

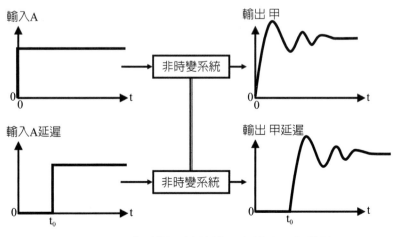

圖 2-9-2　非時變系統的輸入與輸出運作特性

當機械系統內質量物體僅受到重力與彈簧的彈性力作用時，由於物體的質量、重力加速度、彈簧的彈性係數等皆爲固定常數，因此該機械系統的運作特性不會隨著時間改變，該機械系統爲非時變系統。然而，當機械系統考量摩擦力作用時，由於機械系統長時間運作，摩擦力會在質量物體與環境的接觸面間累積熱能且提升溫度，並影響各項摩擦力的行爲表現；換言之，此時的機械系統運作特性會因爲受到摩擦力改變而變化，因此該機械系統爲時變系統。一般而言，摩擦力常存在於機械系統內，因此長時間運作的機械系統爲時變系統。但是，藉由適當的排熱機制，例如：在質量物體與環境接觸面間安裝冷卻迴路，可以減少接觸面的熱能累積並限制接觸面的溫度在固定範圍內，減緩摩擦力行爲的改變，使得機械系統的運作特性接近非時變系統。

2.9.3　強健控制與適應控制

設計控制系統必須先以數學方法模式化受控制系統的動態行爲，亦即須先建立受控制系統的動態方程式，再以適當的控制理論進行分析研究與控制設計，可以使得控制系統的輸出結果合於預期。然而，受限於使用的數學方法，模式化受控制系統所獲得的動態方程式往往無法正確地描述實際的受控制系統動態行爲。例如：大多數的實際機械系統爲非線性且時變系統，但是爲便於動態方程式的推導與控制設計，可能故意忽略造成非線性特性的靜摩擦力與庫倫摩擦力，並假設黏滯摩擦力不受累積熱能的影響，使得受控制系統成爲線性非時變系統。此外，受限於使用的系統分析方式，模式化受控制系統動態方程式的相關物理參數，例如：物體質量、彈性係數、摩擦力係數、靜摩擦力值與庫倫摩擦力值、黏滯摩擦係數等，往往不同於實際的受控制系統動態方程式。因此，在模式化受控制系統動態方程式的過程，模式化動態方程式與實際動態方程式之間經常會有「模式化誤差」與「參數不確定性」發生。模式化誤差係指模式化動態方程式與實際動態方程式之間的方程式結構誤差，例如：忽略機械系統靜摩擦力與庫倫摩擦力效應，所建立的線性系統模式化動態方程式，與實際動態方程式之間存在靜摩擦力與庫倫摩擦力的模式化誤差。參數不確定性係指模式化動態方程式與實際動態方程式之間的參數差異，例如：假設

黏滯摩擦係數不受累積熱能的影響且為定值,所建立的非時變系統模式化動態方程式,與實際動態方程式受累積熱能影響而改變的黏滯摩擦係數之間存在黏滯摩擦係數的參數不確定性。特別注意,模式化誤差與參數不確定性經常會同時發生,其影響程度取決於模式化過程所使用的數學方法以及對受控制系統的瞭解與分析方式。

　　基於模式化受控系統過程所產生的模式化誤差與參數不確定性,以模式化動態方程式直接進行控制系統設計,其結果顯得較不可靠且難以預測。為使得控制系統的輸出結果合於預期並且穩定可靠與快速準確,控制設計與分析方法必須儘可能地考量模式化誤差與參數不確定性,例如:「強健控制」(robust control)與「適應控制」(adaptive control)。強健控制是一種控制設計方法,可在假設的模式化誤差與參數不確定性範圍,進行控制設計使得系統的輸出結果,即使受到模式化誤差與參數不確定性的影響,仍可合於預期且維持適當的穩定運作特性。常見的強健控制設計有:H ∞ 控制(H-infinity control)、滑模控制(sliding mode control, SMC)、定量回授理論(quantitative feedback theory, QFT)等。適應控制是一種控制設計方法,可建立控制架構自動調整控制參數,以適應實際系統模式化誤差與參數不確定性的影響。適應控制設計又可分為:直接適應控制(direct adaptive control)與間接適應控制(indirect adaptive control)。直接適應控制主要應用 Lyapunov 穩定理論設計控制法則,使得控制設計可適應系統變化以達到目標的系統輸出並維持穩定的運作特性。間接適應控制主要是應用已知的受控制系統模式化動態方程式進行系統參數估測,並以估測系統參數結果更新控制參數,使得控制系統可適應參數不確定性的影響。然而,由於間接適應控制建立在已知受控制系統模式化動態方程式的基礎上,因此對受控制系統模式化誤差的影響改善有限。

2.9.4　控制理論發展簡史

　　從 1868 年馬克士威爾在英國皇家學會發表研究論文探討飛球調速器的運動動態與穩定性開始,以數學理論分析與應用為基礎的控制理論不斷地被提出討論並解決自動控制系統,特別是閉迴路控制系統所面臨的系統性能與系統穩定性問題。在世界大戰期間,為使複雜的武器裝備系統達到快速穩定的自動運行結果,控制理論

開始有不同方向的發展。一般認為，西方陣營（特別指美國與西歐）是由系統影響傳遞訊號頻率的觀點探討控制系統設計（此為頻率域控制理論發展的開端），東方陣營（特別指俄國與東歐）是由系統的微分方程式開始推展各項控制理論（此為時間域控制理論發展的開端）。

1. 1868 年馬克士威爾（James Clerk Maxwell）發表飛球調速器的穩定性數學理論分析。

2. 1877 年羅斯（Edward James Routh）發表五階系統的動態穩定分析方法。

3. 1890 年李雅普諾夫（Aleksandr Mikhailovich Lyapunov）推導非線性動態系統微分方程式的穩定性分析，並成為近代控制穩定性理論的發展基礎。

4. 1895 年赫維茲（Adolf Hurwitz）一般化羅斯的穩定分析方法可應用於高階系統，並發表舉世聞名的羅斯—赫維茲穩定性判斷準則。

5. 1922 年米諾斯基（Nicolas Minorsky）發表 PID（比例 - 積分 - 微分）控制理論，可將誤差訊號的大小（比例）、誤差訊號的累積（積分）、誤差訊號的變化率（微分）分別作不同程度的比例調整後加總合成，可改善閉迴路控制系統的暫態與穩態運作特性。由於 PID 控制架構簡單，目前工業界的實務應用仍然極為廣泛。

6. 1932 年奈奎氏（Harry Nyquist）發表控制系統在頻率域分析時的穩定性判斷準則，該方法最大的貢獻在於它不需要複雜的系統頻率域模型，僅需使用系統實驗分析時的量測資料即可以繪圖方式（奈奎氏圖）判斷閉迴路控制時的穩定性。

7. 1940 年波德（Hendrik Wade Bode）開始陸續發表閉迴路控制系統頻率域的增益與相位分析方法，並定義系統穩定的增益邊限（gain margin）與相位邊限（phase margin），介紹控制系統頻率域的增益與相位直線近似繪圖方式（此為知名的波德圖繪製技巧）。

8. 1942 年紀格勒（John G. Ziegler）與尼可斯（Nathaniel B. Nichols）發表 Z-N 法（Ziegler-Nichols method）可依系統的運作特性調整 PID 控制器的比例 / 積分 / 微分控制參數值。

9. 1943 年霍爾（Albert C. Hall）應用奈奎氏的穩定性判斷準則，建立定值 M

圓（constant M-circles）可在奈奎氏圖分析閉迴路控制系統的頻率域特性。

10. 1947 年尼可氏（Nathaniel B. Nichols）重繪控制系統頻率域的增益與相位於相同圖面（增益相位圖），並將霍爾的定值 M 圓改繪製於增益相位圖，建立尼可氏圖廣泛應用於強健控制系統設計。

11. 1950 年艾凡斯（Walter Richard Evans）發表根軌跡技巧，以圖形化方式檢視控制系統參數改變時的系統穩定性。

12. 1956 年龐特里亞金（Lev Semyonovich Pontryagin）發表大值原理（maximum principle）爲近代最佳化控制理論的基礎。

13. 1957 年貝爾曼（Richard Bellman）發表動態規劃方程（dynamic programming equation）最佳控制設計原理與方法。

14. 1960 年卡爾曼（Rudolf Emil Kalman）發表著名的卡曼濾波器（Kalman filter）可在系統輸入與輸出資料皆受到雜訊干擾時，以統計最佳化的方式估測控制系統狀態。

到目前爲止可以清楚地觀察，控制理論的發展可分爲時間域控制理論與頻率域控制理論。其中，時間域控制理論是以系統的微分方程式作爲理論分析的主要依據，頻率域控制理論是以系統對輸入與輸出訊號頻率的增益與相位影響特性爲依據進行理論分析。由於微分方程式可描述線性與非線性以及時變與非時變系統的動態特性，因此發展的控制理論較爲複雜，所使用的數學理論亦較爲艱澀難以理解，但其應用領域較爲廣泛。相對地，頻率域控制理論通常建立在線性且非時變的系統基礎，因此其應用領域較受到限制，但亦較爲適合自動控制系統的基礎教學。根據微分數學的推導，高階微分方程式可以轉換爲一組一階微分方程式的型式用以表示控制系統的動態特性。由於一條一階微分方程式通常被用來表示控制系統內部一個狀態的動態行爲，前述用來表示控制系統動態特性的一組一階微分方程式亦因此通稱爲狀態方程式。由於龐特里亞金、貝爾曼、卡爾曼等人所發展的控制理論皆可以狀態方程式進行控制系統分析與設計，因此應用狀態方程式進行推導與分析設計的控制理論廣稱爲現代控制理論（modern control theory）。相較之下，奈奎氏、波德、尼可氏等人早期應用控制系統頻率域特性進行控制設計與分析，廣稱爲古典控制理論（classical control theory）。雖然李雅普諾夫早於 1890 年（更早於奈奎氏等人）

即推導非線性微分方程式的穩定性分析，由於廣泛應用於狀態方程式的控制系統設計，因此亦常見於現代控制穩定性理論的推導與應用。

2.9.5 智慧化控制技術

由於半導體製造技術的快速發展，使得中央處理器的運算速度越來越快，記憶體的容量也越來越高，更促使一般的桌上型電腦就可以快速地進行複雜演算法的計算，並且可以高容量地儲存系統資訊與資料。因此，過去難以實現且需要龐大計算資源的控制架構，例如：具有高階控制項的強健控制與複雜計算結構的適應控制，如今已經可以廣泛地應用於實際的自動控制系統，並提供更加優異的系統控制結果。近年來以模仿人類與生物行為的控制技術蓬勃發展，主要亦是因為電腦軟體與硬體科技的進步，這些控制技術不但可以使系統的控制結果更加精良，更可使控制系統具有近似人類的智慧，可解決古典控制理論與現代控制理論無法處理或難以處理的問題。有鑒於該些控制技術的應用越來越廣泛，投入相關控制研究的專家學者亦越來越多，因此在部分控制系統的研究領域亦被稱為智慧化控制技術或後現代控制技術。智慧化控制技術經常被應用於具有下列操作特性的受控系統：難以模式化、高度非線性、強烈時變、多重輸入與輸出、易受環境影響、多樣的感測系統、複雜的感測資訊等。常見的智慧化控制技術種類有：模糊控制（fuzzy control, FC）、類神經網路（artificial neural network, ANN）、基因演算法（genetic algorithm, GA）等。

1. 模糊控制理論最早由扎德（Lotfi A. Zadeh）於 1965 年發表，主要應用模糊邏輯是一種「部分真確」的模糊概念，取代傳統二元化「真」或「假」的邏輯表示方式，並且可將人類經驗轉換為控制器的設計方式，更容易讓模糊控制系統的操作者理解系統的運作行為。

2. 類神經網路理論的發展歷史可追溯到 1943 年麥克卡洛克（Warren McCulloch）和皮茨沃（Walter Pitts）所發展的神經網絡，是一種由生物體的神經網路傳達訊息的方式所啟發建立的數學演算學習概念，可被應用於建立具有多重輸入與輸出的未知系統模型。

3. 基因演算法理論的發展歷史可追溯到 1950 年涂寧（Alan Turing）所發展的演化式學習原理，是一種模仿自然界適者生存法則的演算方法，可被應用於極度複雜問題之最佳解的求解過程。其演算方法通常具有下列過程：繼承（inheritance）、突變（mutation）、選擇（selection）、交換（crossover）。

2.9.6　數位控制系統

如果系統的運作特性是隨著時間作連續地動態變化，我們稱該系統爲連續時間系統，所傳遞的連續輸入與輸出訊號稱爲類比訊號；顯然地，大部分的實際物理系統爲連續系統，並且依該系統運作特性所設計的控制方法爲連續控制方法，所建立的控制系統爲連續控制系統。因此，在早期自動控制系統理論啓蒙的年代，實作控制系統的唯一方式是設計適當的電子電路以硬體實現設計的控制理論與方法。然而，此時的控制系統實作往往會面臨許多問題，例如：電子電路元件老化、不易變更控制設計、容易受到雜訊干擾、難以實現複雜的控制架構等。近年來，由於半導體技術的發展，電腦與單晶片運算處理大量資料的速度越來越快，控制系統的實作方法已改爲撰寫控制程式，並由電腦或單晶片系統執行程式的方式進行，不但可以改善傳統電子電路控制系統的問題，更可快速地實現控制方法設計。由於電腦與單晶片處理的資料型態是由 0 與 1 所建構的數位資料，因此以電腦或單晶片所建立的系統爲數位系統，以電腦或單晶片方式實作的控制系統稱爲數位控制系統。

如前所述，大部分的實際物理系統爲連續系統，系統內部傳遞的訊號型態爲連續的類比訊號，但是電腦或單晶片所建立的系統爲數位系統，傳遞的訊號型態爲數位訊號。因此，應用電腦或單晶片實現控制方法必須藉由轉換介面，將實際物理系統的類比訊號轉換爲電腦或單晶片系統可接受的數位訊號，並將電腦或單晶片系統建立的數位訊號轉換爲實際物理系統可接受的類比訊號。在數位控制系統的應用，將類比訊號轉換爲數位訊號的過程稱爲類比／數位轉換，所使用的硬體轉換介面稱爲類比／數位轉換器；將數位訊號轉換爲類比訊號的過程稱爲數位／類比轉換，所使用的硬體轉換介面稱爲數位／類比轉換器。應用電腦或單晶片實現控制方法通常先將受控制實際物理系統的輸出類比訊號轉換爲數位訊號，再經由已撰寫的控制程

式進行控制方法的演算，並將演算結果所表示的數位訊號轉換為類比訊號，作為受控實際物理系統的驅動輸入訊號。由於電腦或單晶片必須花費時間進行控制程式演算過程，類比／數位以及數位／類比的轉換過程亦需要時間完成，因此前述數位控制系統的執行過程通常須以規律的週期循環執行。亦即，數位控制系統的執行過程與過程之間須間隔固定的時間（此即為數位控制系統所設定的取樣時間），用以完成控制程式演算以及數位／類比轉換。一般而言，越短的取樣時間可使得數位控制系統的運作性能越佳，但其設定取決於完成控制程式演算與數位／類比轉換所需的時間。換言之，越快速的電腦或單晶片以及轉換時間越短的數位／類比轉換介面，數位控制系統可設定越短的取樣時間，控制系統亦可獲得越佳的運作結果。

　　數位控制系統為控制系統的分支，亦發展有完整的控制理論。然而，在實務應用上，仍然以架構簡單的 PID 控制被工業界廣泛使用。連續控制系統的 PID 控制可將系統的誤差訊號作大小的比例調變、積分調變、微分調變，再加總合成受控系統的驅動輸入訊號。數位控制系統應用的 PID 控制亦是依相同的運作原理，將系統的誤差訊號作大小比例調變、累加調變、差分調變，並且最後加總成為受控系統的驅動輸入訊號。比例調變係指將誤差訊號乘以比例控制參數值；累加調變係指將系統控制過程的誤差訊號累加後乘以積分控制參數值；差分調變則是計算「現階段控制過程誤差訊號與上一個階段控制過程誤差訊號」的差值，並將該計算差值乘以微分控制參數值。

2.9.7　大學階段的自動控制系統課程規劃

　　大學階段的自動控制系統課程規劃，主要是介紹線性且非時變控制系統的分析與設計方法，可建立未來深入控制系統研究的理論基礎，其內容通常包括：

1. 以拉普拉斯轉換（Laplace transform）為基礎的數學基本觀念。
2. 機械與電路系統的模式化方式與過程。
3. 描述控制系統特性的轉移函數（transfer function）與方塊圖（block diagram）。
4. 推導控制系統轉移函數的方法工具：訊號流程圖（signal-flow graph）。
5. 控制系統的時間響應分析與性能評估。

6. 線性且非時變系統的穩定性分析以及羅斯—赫維茲（Routh-Hurwitz）穩定性判斷準則。

7. 分析系統參數改變與系統穩定性的重要方法：根軌跡技巧（root-locus technique）。

8. 控制系統頻率域分析基礎觀念與性能規格指標。

9. 奈奎氏頻率域分析方法與穩定性判斷準則。

10. 波德圖（Bode plot）的繪製技巧以及判斷系統穩定性之增益邊限與相位邊限。

11. 以定值 M 圓分析系統頻率域特性的方法與尼可氏圖。

12. 以狀態方程式為基礎的現代控制理論與分析方法，包括：系統狀態可觀察性（observability）、狀態可控制性（controllability）、狀態回授控制（state feedback control）、線性非時變控制系統的李雅普諾夫穩定性分析等。

參考資料

1. K.J. Astrom, Dr. Bjorn Wittenmark (2008): Adaptive Control (2nd Edition), Dover Publications.

2. S. Bennett (1996): A Brief History of Automatic Control, IEEE Control Systems Magazine.

3. S. Bennett (2002): Otto Mayr: Contributions to the History of Feedback Control, IEEE Control Systems, Vol. 22, Iss. 2.

4. C.C. Bissell (2009): A History of Automatic Control, in Springer Handbook of Automation (Editor: S. Nof), Springer.

5. C.-T. Chen (2012): Linear System Theory and Design (4th Edition), Oxford University Press.

6. R.C. Dorf, R.H. Bishop (2010): Modern Control Systems (2th Edition), Pearson.

7. G.F. Franklin, J. Da Powell, A. Emami-Naeini (2014): Feedback Control of Dynamic Systems (7th Edition), Pearson.

8. G.F. Franklin, J. David Powell, M.L. Workman (1997): Digital Control of Dynamic Systems (3rd Edition), Addison-Wesley.

9. F. Golnaraghi, B.C. Kuo (2009): Automatic Control Systems (9th Edition), Wiley.

10. G.C. Goodwin, K.S. Sin (2009): Adaptive Filtering Prediction and Control, Dover Publications.

11. P. Ioannou, J. Sun (2012): Robust Adaptive Control, Dover Publications.

12. H.K. Khalil (2001): Nonlinear Systems (3rd Edition), Pearson.

13. B.C. Kuo (1995): Digital Control Systems (2nd Edition), Oxford University Press.

14. F. Lewis (1992): Applied Optimal Control and Estimation, Prentice Hall.

15. J.C. Maxwell (1868): On Governors, Proceedings of the Royal Society of London, The Royal Society Publishing.

16. D.A. Mindell (1995): Automation's Finest Hour: Bell Labs and Automatic Control in World War II, IEEE Control Systems, Vol. 15, Iss. 6.

17. N.S. Nise (2010): Control Systems Engineering (6th Edition), Wiley.

18. K. Ogata (1995): Discrete-Time Control Systems (2nd Edition), Pearson.

19. K. Ogata (2009): Modern Control Engineering (5th Edition), Pearson.

20. C.L. Phillips, H. Troy Nagle (1994): Digital Control System Analysis and Design (3rd Edition), Prentice Hall.

21. C.L. Phillips, J. Parr (2010): Feedback Control Systems (5th Edition), Pearson.

22. J.-J. Slotine, W. Li (1991): Applied Nonlinear Control, Pearson.

23. M. Vidyasagar (2002): Nonlinear Systems Analysis (2nd Edition), SIAM: Society for Industrial and Applied Mathematics.

24. B.C. Williams (2005): Interaction-Based Invention: Designing Novel Devices From First Principles, in Expert Systems in Engineering Principles and Applications, Springer.

25. 王振興、江昭皚、陳世昌、黃漢邦（2001）：自動控制系統（第八版），東華書局股份有限公司。

26. 李文勳（1999）：微分方程，九樺出版社。

27. 陳天青、廖信德、戴任詔（2000）：電動機控制，高立圖書有限公司。

28. 楊憲東、葉芳柏（1992）：後現代控制理論與設計，狀元發行。

29. 楊憲東、葉芳柏（2003）：線性與非線性 H ∞控制理論，全華科技圖書股份有限公司。

30. 自動控制原理（吉林大學）：http://dec3.jlu.edu.cn/webcourse/t000132/chapter/bjjx.html。

31. DELTAMOOCx: http://tech.deltamoocx.net/course/view/courseInfo/83.

32. Process Control Fundamentals: http://www.pacontrol.com/process-control-fundamentals.html.

33. Wikipedia: https://en.wikipedia.org/wiki/Artificial_neural_network.

34. Wikipedia: https://en.wikipedia.org/wiki/Automatic_control.

35. Wikipedia: https://en.wikipedia.org/wiki/Fuzzy_control_system.

36. Wikipedia: https://en.wikipedia.org/wiki/Genetic_algorithm.

37. Wikipedia: https://en.wikipedia.org/wiki/PID_controller.

38. Wikipedia: https://en.wikipedia.org/wiki/Servo.

39. Wikipedia: https://en.wikipedia.org/wiki/Servomechanism.

第3單元

進階應用案例介紹

3.1 | 龍門式運動控制平台之同動控制補償器設計

　　以往在 XY 平台或是多軸加工機的控制應用場合，各軸向的位置運動是由單組馬達所驅動。然而，為了符合高加速、高推力和高剛性的作業需求，軸向位置運動可採用龍門式精密運動控制系統架構，即是由兩組直線馬達共同驅動單軸向位置運動之平行系統架構。在此架構下，兩組直線馬達之間的同動誤差，因平行機構相連結之故，除影響軸向位置運動精度外，亦可能使相連結的機構產生變形並造成受控系統機構的損壞。因此，確保平行移動之兩組直線馬達具有良好的同步運動，成為龍門式精密運動控制系統架構應用時相當重要的研究課題。

一、控制系統硬體描述

　　本節所使用之龍門式運動控制平台，其 Y 軸向位置運動是由兩組永磁直線同步馬達（Y1 軸與 Y2 軸）所組成的雙平行馬達系統驅動，而 X 軸向位置運動則是由壹組永磁直線同步馬達驅動。圖 3-1-1 所示即為龍門式運動控制平台的系統架構示意圖，其中，X 軸的定子是同時直接連結在 Y 軸兩組直線馬達的動子上，為高剛性的連結機構。圖 3-1-2 所示為本節所設計之控制系統硬體架構方塊圖，其中單板電腦的資料處理核心為數位訊號處理器（DSP），並具備類比／數位轉換器、數位／類比轉換器、並行輸出入與編碼器界面。X 軸、Y1 軸與 Y2 軸的直線馬達分別由馬達驅動器作電流回授控制。

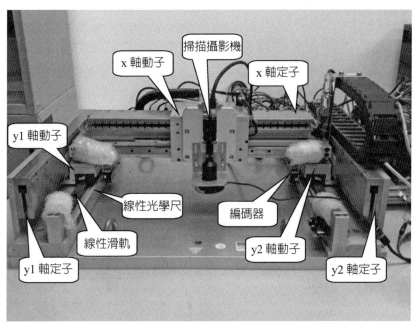

圖 3-1-1　龍門式運動控制平台系統架構

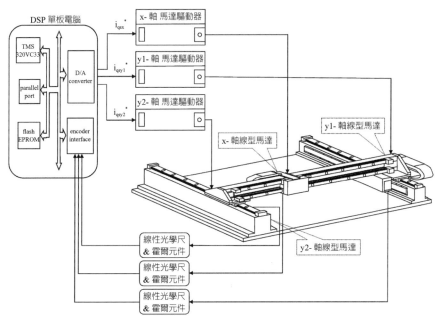

圖 3-1-2　控制系統硬體架構圖

二、同動控制補償器設計

　　由於本節所採用的龍門式運動控制平台具有剛性的連結機構，因此在雙直線馬達的位置控制議題中，不能只著重於單軸向的位置運動結果，雙直線馬達間的同步運動結果也是相當重要的一環。因此，本節介紹雙直線馬達間的同動控制架構，先從單軸的位置運動誤差開始，接著再導入雙軸同步運動時的同動誤差。藉由協調雙直線馬達彼此間的位置運動誤差，以確保雙軸位置運動時的同動性。單軸的位置誤差定義如下：

$$e_i = d_m - d_i \tag{1-1}$$

其中，d_m 為位置控制命令，d_i 為直線馬達實際位置，e_i 為位置誤差；下標 i 可分別表示為 y1 與 y2，各別代表雙直線馬達的運動軸向。此時，雙直線馬達間的同動誤差定義如下：

$$\varepsilon_{y1} = e_{y1} - e_{y2} \text{ 且 } \varepsilon_{y2} = -e_{y1} + e_{y2} \tag{1-2}$$

其中 ε_{y1} 和 ε_{y2} 分別為雙直線馬達 Y1 軸與 Y2 軸的同動誤差。由式（1-2）可以明顯地看出，若使 Y1 軸與 Y2 軸的同動誤差 ε_{y1} 和 ε_{y2} 皆等於零，則控制系統設計須使得 $e_{y1} = e_{y2}$，並且雙直線馬達的同步運動訴求即可由此滿足。本節設計耦合式 PD 控制架構如圖 3-1-3 所示，其中：

$$\mathbf{\Xi} = \mathbf{TE} \tag{1-3}$$

$$\mathbf{E}^* = \mathbf{E} + \beta\mathbf{\Xi} \tag{1-4}$$

並且 $\mathbf{\Xi} = [\varepsilon_{y1}\ \varepsilon_{y2}]^T$、$\mathbf{E} = [e_{y1}\ e_{y2}]^T$、$\mathbf{T} = \begin{bmatrix} 1 & -1 \\ -1 & 1 \end{bmatrix}$、$\beta$ 為正實數。$\mathbf{E}^* = [e_{y1}^*\ e_{y2}^*]^T$ 表示各運動軸向的 PD 控制器輸入。根據上述的定義，若 $\mathbf{E}^* = \mathbf{0}$ 則其可以推論得 $\mathbf{E} = \mathbf{0}$，

並可進一步由式（1-3）推導出 $\mathbf{\Xi} = \mathbf{0}$。換言之，利用耦合式 PD 控制架構可有效的將單軸的位置誤差與雙直線馬達間的同動誤差相連結；所設計之控制器只要能保證 $\mathbf{E}^* = \mathbf{0}$，則雙直線馬達各軸的位置誤差 e_i 與雙軸間的同動誤差 ε_i 即可同時為零，可確保各馬達軸的位置運動反應，亦同時考慮到雙軸同步運動間的同動反應。本節採用 PD 控制器作為雙直線馬達各軸的位置控制設計，其控制系統如圖 3-1-3 所示，Y1 軸與 Y2 軸的控制電流可表示：

$$i_{y1} = kp \cdot e_{y1}^* + kd \cdot \frac{d}{dt} e_{y1}^* \qquad （1\text{-}5）$$

$$i_{y2} = kp \cdot e_{y2}^* + kd \cdot \frac{d}{dt} e_{y2}^* \qquad （1\text{-}6）$$

其中，導入微分項於控制電流，可加速控制系統對同動誤差的反應。

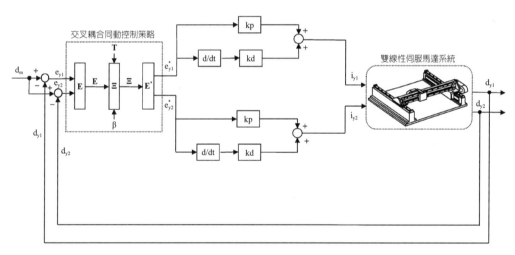

圖 3-1-3　耦合式 PD 控制系統架構

三、實驗結果與性能評估

　　本節設計的龍門式運動控制系統是用 C 程式語言撰寫，並實現於數位訊號處理器，取樣時間為 1 毫秒。實驗設計的位置控制命令為振幅 10 mm 的正弦波軌跡。

圖 3-1-4 為 Y1 軸與 Y2 軸各別獨立 PD 控制之位置控制命令與馬達實際位置、位置誤差、軸間的同動誤差。圖 3-1-5 則是使用前述之耦合式 PD 控制系統架構的實驗結果。由圖 3-1-4 與圖 3-1-5 的比較可以明顯發現，耦合式 PD 控制系統架構能有效且明顯地降低雙直線馬達同步位置運動誤差，雙直線馬達軸間的同動誤差更能有效地被抑制在 5 μm 內，使得由兩組永磁直線同步馬達所建構的雙平行馬達位置控制系統可達到良好的位置同步運動。

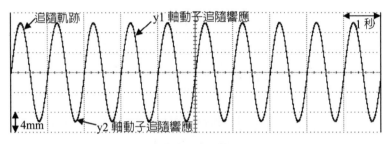

(a) 位置命令與實際位置

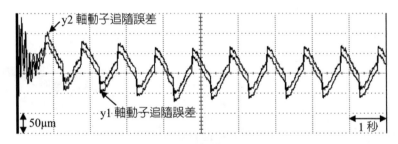

(b) 各軸位置誤差

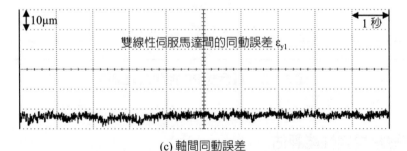

(c) 軸間同動誤差

圖 3-1-4　獨立 PD 控制系統實驗結果

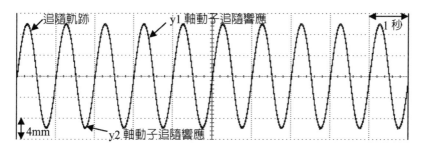

(a) 位置命令與實際位置

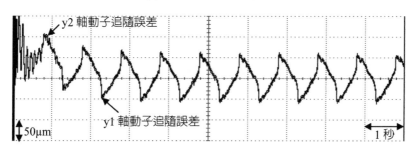

(b) 各軸位置誤差

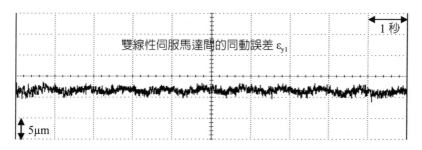

(c) 軸間同動誤差

圖 3-1-5　耦合式 PD 控制系統實驗結果

四、附註

1. XY 平台：泛指由兩組相互的位置運動軸向所建構的運動平台。

2. 多軸加工機：由二組以上的馬達所複合而成的加工機台。

3. 龍門式：兩組線型馬達平行擺置，並在此兩組馬達上再複合一組線型馬達，

構成一種類似門字型的運動平台。

4. 同動誤差：馬達與馬達在做同步運動時的位置差異量。

5. 同步運動：馬達與馬達間能同時啟動、停止與加速運動。

6. 單板電腦：一種簡化版的電腦，具有體積小的優點。

7. 數位訊號處理器（DSP）：是專門在處理數位訊號的晶片，與一般電腦 CPU 最大的差異在於 DSP 對數學運算較擅長。

8. 各別獨立 PD 控制：即雙線性馬達中的二組馬達各別擁有獨立的 PD 控制器，彼此獨立控制並無互相溝通的機制。

3.2 | 永磁直線同步馬達位置控制設計

由於直線馬達運作效率較低，其發展的進程遠落後於旋轉式馬達。然而，在機械結構需要直線運動的場合，旋轉式馬達常需要以齒輪、皮帶及螺桿等機械傳動裝置，將旋轉運動轉換成直線運動，容易因此造成直線運動精度降低。具有較安靜、高速度、高可靠性以及直接傳動以省去機械傳動裝置優點的直線馬達，便開始廣泛的發展於近代的工業應用。

一、控制系統硬體描述

圖 3-2-1 所示即為永磁直線同步馬達的外觀示意圖。主要組成包含可移動的動子結構（轉子線圈和霍爾元件感測器）以及固定的定子結構（永久磁鐵、線型滑軌與線型尺規），具有結構簡單、高推力、高速度、高精度與長距離移動等諸多優點。電磁推力的來源主要是由定子結構的永久磁鐵所產生的磁場和動子結構的轉子線圈磁場交互作用所產生。

圖 3-2-2 所示為永磁直線同步馬達驅動系統方塊圖，主要組成包含：整流器、脈寬調變電路、三角波比較電路以及向量處理器。驅動系統所需之伺服控制卡安裝於桌上型個人電腦（控制電腦），用以發送電流控制命令予驅動系統，並由線型尺規偵測器和霍爾感測器（圖 3-2-1）接收回授訊號，控制永磁直線同步馬達之動子結構的移動；該界面卡包含：數位／類比轉換器、類比／數位轉換器、並列輸入／

輸出介面、解碼器界面及計時器。在此所說明之控制器設計皆在個人電腦上執行。

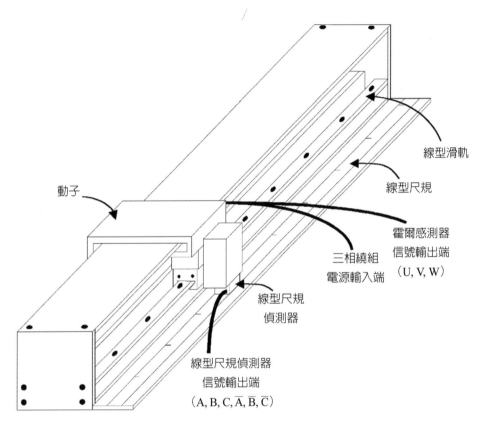

圖 3-2-1 永磁直線同步馬達外觀示意圖

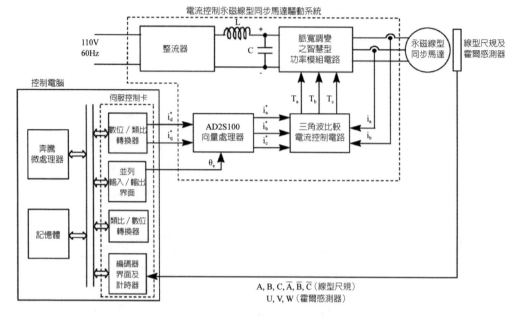

圖 3-2-2　電腦控制永磁直線同步馬達驅動系統方塊圖

二、控制器設計

　　本節採用 PD 控制器進行永磁直線同步馬達驅動回授控制，馬達驅動電流表示：

$$i^* = kp \cdot e + kd \cdot \frac{d}{dt}e \qquad (2\text{-}1)$$

其中，位置誤差 $e = d_m - d$；d_m 為位置控制命令，d 為馬達實際位置回授。導入誤差的微分項進入驅動電流中，物理義意代表著此控制項會對系統的位置誤差變化速率作出反應。系統的位置誤差變化速率越大，控制系統就會對輸出馬達驅動電流作出更快速的反應機制，因此 PD 控制器亦常被稱為具預測能力的控制器。

　　為更進一步改善馬達驅動系統使其具有更快速的位置控制反應，本節設計前饋式 PD 控制器如圖 3-2-3 所示，此時馬達驅動電流改為表示：

$$i = kp \cdot e + kd \cdot \frac{d}{dt}e + kf \cdot d_m \qquad （2-2）$$

其物理義意代表著前饋控制項（kf · d_m）可將位置輸入命令預先傳遞到馬達驅動電流，讓馬達驅動系統能提前反應將要發生的位置命令變化，以達到提升系統動態反應之目的。

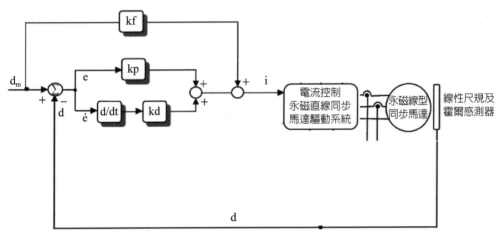

圖 3-2-3　前饋式 PD 控制器方塊圖

三、實驗結果與性能評估

本節設計的控制系統是用 C 語言撰寫，並實現於個人電腦，且取樣時間為 1 毫秒。實驗所設計的位置控制命令為振幅 5 mm 的正弦波軌跡。圖 3-2-4 為利用前述 PD 控制器回授控制永磁直線同步馬達之位置控制命令與馬達實際位置、馬達驅動電流與位置誤差。圖 3-2-5 則顯示利用前述前饋式 PD 控制器控制永磁直線同步馬達的實驗量測結果。由圖 3-2-4 與圖 3-2-5 的比較可以明顯發現，前饋式 PD 控制器確實可有效地提升永磁直線同步馬達的操作特性，馬達的位置誤差亦可被控制於 150 μm。前饋式 PD 控制器與傳統 PD 控制器相比較，能有效地減少 50% 以上的位置誤差，大幅提升永磁直線同步馬達的位置控制精度。

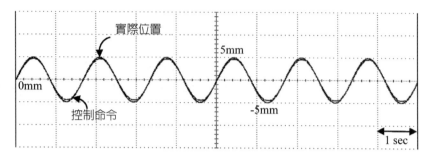

(a) 位置控制命令與馬達實際位置

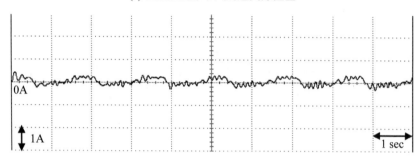

(b) 馬達驅動電流

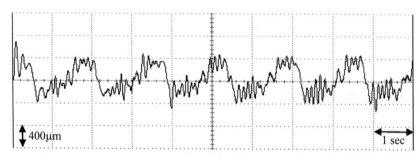

(c) 位置誤差

圖 3-2-4　PD 控制器回授控制永磁直線同步馬達實驗結果

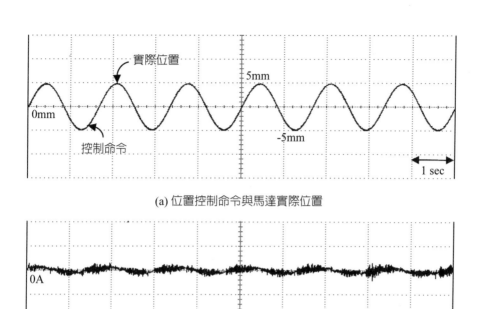

(a) 位置控制命令與馬達實際位置

(b) 馬達驅動電流

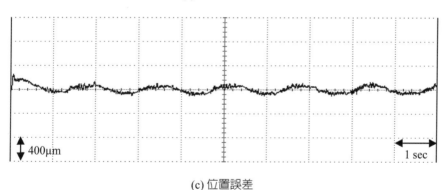

(c) 位置誤差

圖 3-2-5　前饋式 PD 控制器回授控制永磁直線同步馬達實驗結果

四、附註

1.霍爾元件感測器：用以感測實際驅動馬達之電流值的感測元件。

2.線型尺規：用以偵測馬達移動位置的測量元件。

3. 整流器：整流器是一種將交流電轉換成直流電的裝置。

4. 脈寬調變電路：藉由數位訊號高頻率的切換控制，來模擬出需要的類比訊號。通常可以用來調整燈光的亮度、馬達的轉速、螢幕亮度控制、喇叭聲音頻率等。

5. 三角波比較電路：一種能產生三角波形電壓輸出的電路，可用來當作控制用的參考訊號。

6. 向量處理器：一種能計算出馬達三相電壓的處理器。

7. 伺服控制卡：伺服控制卡通常是採用專業的伺服控制晶片或高速數位訊號處理器來滿足一系列伺服控制需求的控制卡，其可通過 PCI 匯流排介面安裝到電腦上。

8. 線型尺規偵測器：用以讀取馬達移動距離的偵測器。

9. 並列輸入 / 輸出介面：可以接收電壓訊號與發送電壓訊號的傳輸介面。

10. 計時器：電腦中能提供計數次數與計數時間的一個程式。

11. C 語言：一種工業界常用的電腦軟體開發工具。

3.3 | 工業機械手臂力矩型定位控制設計

工業用關節式機械手臂是一種仿效人體支臂建置的機電整合控制系統，協助使用者完成各種工業自動化作業流程，例如：機具組裝、噴漆、焊接、搬運等應用。為達成前述多樣功能，各關節精準的角度位置定位控制器設計與此息息相關。由於多軸機械手臂是數個伺服馬達與機械支臂組成，其運動行為呈現非線性且相互影響。本節介紹一種工業機械手臂力矩型定位控制設計，透過機械臂非線性補償搭配線性追蹤誤差回饋控制修正，以達成良好的關節位置控制效果。

一、機械臂控制系統硬體描述

本節說明工業用 6 軸關節式機械手臂之力矩型位置控制器設計方式，該控制系統架構組成包括：工業級電腦、6 軸數位 / 類比與類比 / 數位轉換器、泛用型交流伺服馬達組、工業用 6 軸關節式機械手臂。圖 3-3-1 顯示工業機械手臂位置控制系

統架構示意圖，其中工業電腦負責提供：(1) 機械臂操控之人機互動介面、(2) 實驗數據量測與紀錄、(3) 機械臂力矩型控制器實現等功用。當工業電腦接受使用者給定的位置控制命令後，根據閉迴路控制方法與搭配 6 軸數位 / 類比轉換器，以 1.0 毫秒的取樣週期將控制命令轉換成各軸所需的控制力矩提供給伺服馬達驅動器。伺服馬達驅動器則根據指定控制力矩，使各軸馬達進行對應運動。同時，藉由附著在伺服馬達末端的旋轉式絕對型編碼器，透過類比 / 數位轉換器將以相同取樣週期傳送該軸目前轉動角度資訊，提供控制器設計。此外，對所獲得角位置資訊進行差分計算，可計算該軸馬達旋轉運動時的轉動角速度。工業用 6 軸關節式機械手臂如圖 3-3-2 所示，主要由六個伺服馬達與機械支臂組成，近似人體手臂運作行為。其中，第 1 軸作為「腰部」提供水平旋轉；第 2 軸與第 3 軸視為「肩部」與「肘部」提供垂直旋轉；第 4、5、6 軸為「腕部」以提供球形運轉。

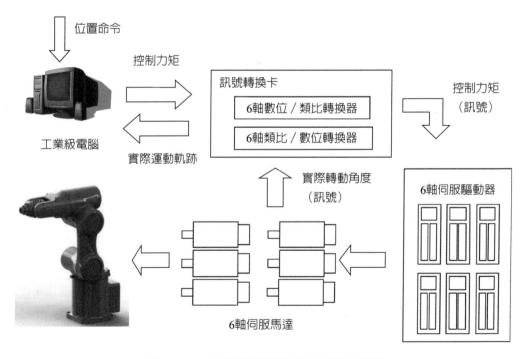

圖 3-3-1　多軸機械臂位置控制系統架構

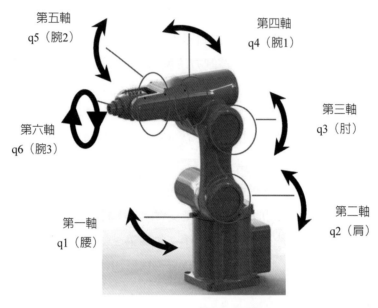

第五軸
q5（腕2）

第四軸
q4（腕1）

第六軸
q6（腕3）

第三軸
q3（肘）

第一軸
q1（腰）

第二軸
q2（肩）

圖 3-3-2　六軸關節式機械臂

二、關節位置運動控制器設計

　　針對 6 軸關節式機械手臂，本節說明力矩型關節位置運動控制器設計，其受控系統架構如圖 3-3-3(a) 所示。使用者給予受控系統 6 軸的力矩訊號 $\tau_M(t)$ 至伺服驅動器，其單位為牛頓 - 米（N-m）。由於本節將伺服驅動器設定為力矩驅動模式，各關節的伺服馬達將根據扭力命令進行運動。此時，透過安置於各關節伺服馬達末端的旋轉式絕對型編碼器，量測得 6 軸實際旋轉角度 $q(t)$；利用差分計算 6 軸實際旋轉角速度 $\dot{q}(t)$，單位為每秒轉動徑度（rad/sec）；與實際旋轉角加速度 $\ddot{q}(t)$，單位為每平方秒轉動徑度（rad/sec²）。在此，本節主要的目標是針對此機械結構，設計一個力矩型關節位置控制器來產生各軸轉動力矩，使得機械手臂各軸關節盡可能依照指定的運動軌跡（包含角度命令 $q_d(t)$、角速度命令 $\dot{q}_d(t)$、角加速度命令 $\ddot{q}_d(t)$）運行。在設計控制器之前，機械手臂的物理模型描述是必要的，圖 3-3-3(b) 是對應的系統模型方塊圖，其方程式：

$$M(q)\ddot{q}(t) + C(q,\dot{q}) + G(q) + \tau_f(q) = \tau_M(t) \qquad (3\text{-}1)$$

$$\ddot{q}(t) = \begin{bmatrix} \ddot{q}_1^T(t) & \ddot{q}_2^T(t) & \ddot{q}_3^T(t) & \ddot{q}_4^T(t) & \ddot{q}_5^T(t) & \ddot{q}_6^T(t) \end{bmatrix}^T$$

$$\dot{q}(t) = \begin{bmatrix} \dot{q}_1^T(t) & \dot{q}_2^T(t) & \dot{q}_3^T(t) & \dot{q}_4^T(t) & \dot{q}_5^T(t) & \dot{q}_6^T(t) \end{bmatrix}^T$$

$$q(t) = \begin{bmatrix} q_1^T(t) & q_2^T(t) & q_3^T(t) & q_4^T(t) & q_5^T(t) & q_6^T(t) \end{bmatrix}^T$$

其中，$M(q)$ 為 6×6 的慣性矩陣、$C(q,\dot{q})$ 為 6×1 包含科氏力與離心力之向量、$G(q)$ 為 6×1 重力場向量、$\tau_f(q)$ 為 6×1 關節等效摩擦力向量。

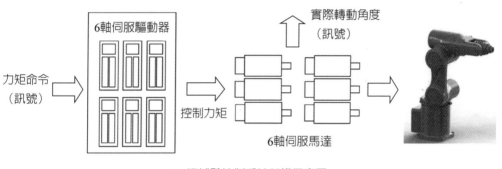

(a) 機械臂控制系統架構示意圖

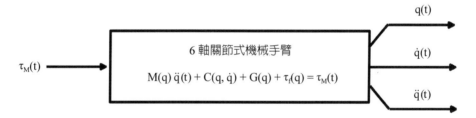

(b) 機械手臂系統模型方塊圖

圖 3-3-3　機械手臂位置控制系統架構方塊圖

為使得機械手臂各軸的實際運動軌跡（q, $\dot{q}$, $\ddot{q}$）盡可能依照指定命令（q_d, $\dot{q}_d$, $\ddot{q}_d$）運行，控制力矩設計分成兩大區塊：(1) 機械臂非線性補償、(2) 線性追蹤誤差回饋控制修正。首先將關節式機械手臂之物理系統描述由式（3-1）重新整理成式（3-2）：

$$M(q)\ddot{q} + n(q, \dot{q}) = \tau_M(t)$$
$$n(q, \dot{q}) = C(q, \dot{q}) + G(q) + \tau_f(t) \tag{3-2}$$

此時，根據式（3-2）設計對應輸入力矩方程式：

$$\tau_M(t) = M(q)u(t) + n(q, \dot{q})$$
$$u(t) = \ddot{q}_d + K_D\dot{e}(t) + K_Pe(t) \tag{3-3}$$

在此，$n(q, \dot{q})$ 可執行機械臂非線性補償，$u(t)$ 則執行線性追蹤誤差回饋控制修正。定義各軸關節位置角度誤差為 $e(t) \equiv q_d(t) - q(t)$，兩組控制參數分別為比例增益參數 K_P 與微分增益參數 K_D。將力矩方程式（3-3）之送入式（3-2）表示之機械臂系統後，可再整理得：

$$\ddot{e}(t) + K_D\dot{e}(t) + K_Pe(t) = 0 \tag{3-4}$$

由式（3-4）可知，只要設定適當比例增益參數 K_P 與微分增益參數 K_D，各軸關節位置角度誤差將穩定收斂至合理誤差範圍。本節設計比例增益參數 K_P 與微分增益參數 K_D 分別為：

$$K_D = \text{diag}[2\xi_1\omega_{n1} \quad 2\xi_2\omega_{n2} \quad \cdots \quad 2\xi_6\omega_{n6}] \tag{3-5a}$$

$$K_P = \text{diag}[\omega_{n1}^2 \quad \omega_{n2}^2 \quad \cdots \quad \omega_{n6}^2] \tag{3-5b}$$

則式（3-4）可重新整理為：

$$\ddot{e}_i(t) + 2\xi_i\omega_{ni}\dot{e}_i(t) + \omega_{ni}^2e_i(t), i = 1, ..., 6 \tag{3-6}$$

式（3-6）即為標準的 2 階常係數微分方程式，控制參數 ξ 為阻尼比，控制參數 ω_n 為自然無阻尼頻率。為獲得快速穩定的關節角度位置控制效果，式（3-6）的特徵

根須位於虛軸的左半平面，並且阻尼比 ζ 建議值接近 0.707 為最佳。

三、實驗結果與性能評估

根據上述的介紹，設定適當的 6 軸控制增益如表 3-3-1 所示。在 6 軸合成額定速度 50% 下，規劃機械臂於工作空間中的運動位置軌跡，其 6 軸角度追蹤響應比較如圖 3-3-4 所示，追蹤誤差之方均根值則顯示於表 3-3-2。由追蹤性能結果觀察，本節所設計的力矩型位置控制可使機械臂穩定且快速的依循指定的運動軌跡運行。

表 3-3-1　　機械手臂控制增益參數

阻尼比		自然無阻尼頻率	
ζ_1	0.707	ω_{n1}	135
ζ_2		ω_{n2}	75
ζ_3		ω_{n3}	85
ζ_4		ω_{n4}	160
ζ_5		ω_{n5}	190
ζ_6		ω_{n6}	185

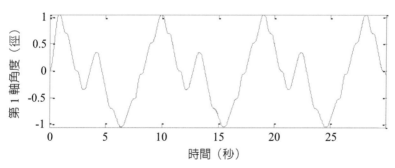

圖 3-3-4　　機械手臂力矩型位置控制結果

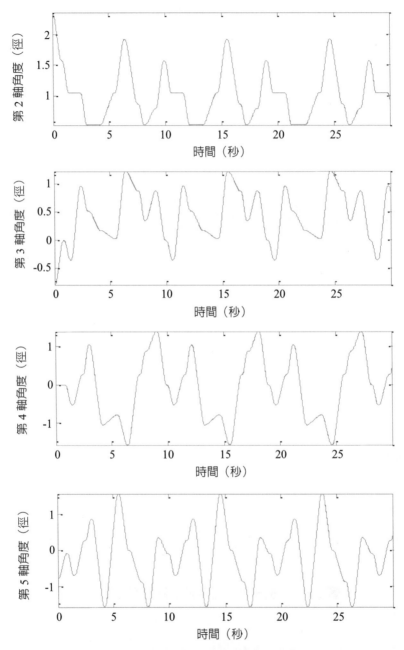

圖 3-3-4 機械手臂力矩型位置控制結果（續）

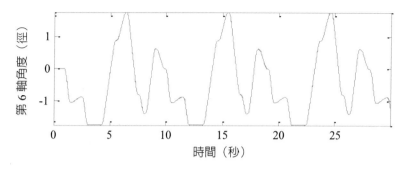

圖 3-3-4　機械手臂力矩型位置控制結果（續）

表 3-3-2　機械手臂運動軌跡追蹤誤差

第 i 軸	追蹤誤差方均根 （單位：徑度）
1	3.4973×10^{-4}
2	6.3558×10^{-4}
3	9.2796×10^{-4}
4	0.0018
5	8.9924×10^{-4}
6	0.0022

四、附註

1. 追蹤誤差：機械手臂實際運動軌跡與控制命令軌跡間的誤差。

2. 6 軸：六個可旋轉之轉軸。

3. 工業級電腦：工業應用場合電腦，與一般電腦相比，環境耐受性較高、耐震、穩定性好。

4. 人機互動介面：使用者與控制硬體間的轉換詮釋媒介，使用者可透過介面設定／操作控制硬體；控制硬體之流程訊息、警示信號、感測資料可透過介面提供使用者做決策。

5. 差分計算：數學運算方法之一，係指離散資料序列相鄰的變化量，概念近似

於連續函數之微分運算。

6. 運動軌跡：指機械臂在空間中連續移動的時間位置序列。

7. 慣性矩陣：描述一個物體對於其旋轉運動改變的慣性。多軸連桿轉動時，相互之間的慣性描述表示。（參考資料：維基百科）

8. 科氏力：對旋轉體系中進行直線運動的質點由於慣性相對於旋轉體系產生的直線運動的偏移的一種描述。（參考資料：維基百科）

9. 離心力：一種虛擬力或稱慣性力，使旋轉的支臂遠離對應軸之旋轉中心。（參考資料：維基百科）

10. 重力場：物體在地球所受之重力描述。

11. 摩擦力：指支臂軸旋轉時，阻止相對運動的作用力。

12. 合成額定速度：指六軸機械臂同時轉動時，可連續運轉之最大速度。

13. 工作空間：機械臂末端所能觸及的位置點所建構的立體空間，空間大小端看機械臂尺寸與各軸轉動角度限制而定。

14. 追蹤響應：給予機械臂運動軌跡命令後，機械臂根據命令之實際移動的行為。

15. 方均根：統計運算方法之一，指系統產生的連續序列之平方之平均之開平方根，當系統產生的序列行為是常態分佈時，該物理量可代表此系統大部分之特性。

3.4　自動搬運車運動控制系統

在自動化生產系統中，物料搬運自動化為最基本之需求。過去二、三十年間自動搬運車（automated guided vehicle, AGV）已普遍運用於汽車、半導體、3C 電子、鋼鐵、食品加工、醫務與自動倉儲系統等各相關產業。自動搬運車強調體積輕巧，可適用於狹小走道中運行以及結合台車運作，另外最重要則是設備平價，容易吸引企業導入此系統。自動搬運車屬生產自動化物流設備中之關鍵產品，為七〇年代隨汽車產業發展生產自動化下之產物，產品應用已有 20～30 年，為發展成熟之產

業。本節以二輪式移動載具架構之自動搬運車為範例，將從運動方程式推導、導引系統設計到回授控制方法做介紹說明，最後以定點運動之 AGV 物料運送案例說明實際應用情境。

一、二輪式移動載具運動方程式推導

在本節所提之二輪式的移動載具係指具有兩個驅動輪搭配一個無動力輔助輪之運動平台（如圖 3-4-1 所示），與目前市售之吸塵器機器人具有相同的機構型式。其中，R 代表迴旋半徑，θ 為相對於 R 之迴旋弧度，r 為移動載具驅動輪之輪軸半徑，d 為兩輪之間距，T 為一步時間之間隔長度，ω_R 和 ω_L 分別為右輪和左輪之旋轉角速度，l 則為移動載具步與步之間的質心弧線移動距離。

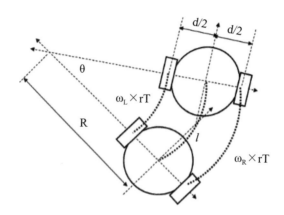

圖 3-4-1　二輪式移動載具示意圖

根據幾何關係，我們可以得知：

$$\theta = \frac{\omega_L rT}{R - d/2} = \frac{\omega_R rT}{R + d/2}$$

（4-1）

整理後進而得到：

$$R = \frac{\omega_R + \omega_L}{\omega_R - \omega_L} \times \frac{d}{2} \qquad (4\text{-}2)$$

將式（4-2）代至式（4-1）得式（4-3），獲得移動載具質心之角速度方程式：

$$\omega \approx \frac{\theta}{T} = \frac{r}{d}(\omega_R - \omega_L) \qquad (4\text{-}3)$$

又 $l = R\theta$，因此可得 $\frac{l}{T} = R\omega$，將式（4-2）和式（4-3）代入可得式（4-4），得到移動載具質心之速度方程式：

$$v \approx \frac{l}{T} = R\omega = \frac{r}{2}(\omega_R + \omega_L) \qquad (4\text{-}4)$$

其中 ω_R 和 ω_L 是馬達轉速控制指令，爲我們的控制輸入命令，而式（4-3）和式（4-4）即爲此系統之運動方程式。

二、導引系統描述：無軌導引式之視覺距離感測模組

在此介紹一種利用視覺技術之距離感測模組，可以用來量測 AGV 與四周障礙物的距離，進一步實現避障與引導移動的功能。此視覺測距模組功能方塊圖如圖 3-4-2 所示，其主要硬體係採用攝影機、主動式雷射光源與嵌入式運算平台。當雷射光源投射在距離感測模組前方時，透過攝影機擷取即時影像畫面，並根據雷射光源特性在嵌入式運算平台內計算出其對應特徵，然後再依據此特徵估算出視角範圍內之景深資訊。圖 3-4-3(a) 即爲所研製之視覺測距模組外觀。

圖 3-4-2　視覺測距模組功能方塊圖

(a) 視覺測距模組外觀　　　　　(b) 架設於移動軌道作測試

圖 3-4-3　工研院機械所研發視覺距離感測模組

　　為驗證此開發之測距模組效能，建構可控速度之移動滑軌平台，並將測距模組設置於此平台如圖 3-4-3(b)，然後移動滑軌平台並在不同位置（25、100、200、300 與 400 公分處）停下，重複紀錄（100 次實驗）實際位置與量測結果，其結果如表 3-4-1 所示。根據表 3-4-1 之數據，可獲得當測距範圍在 400 公分內，其平均誤差皆小於 1%，而標準差則小於 1.39 公分之效能規格。

表 3-4-1　實際距離與估測結果

實際距離（cm）	25	100	200	300	400
估測平均值（cm）	25.2	99.29	200.22	298.42	396.63
標準差（cm）	0.53	0.49	0.76	0.94	1.39

三、控制方法描述

　　視覺距離感測模組可以讓 AGV 車得知目前本身位置與設計移動路徑之間的誤差，而將這個誤差拿來利用並計算出下一步的控制行為就是所謂的回授控制。以圖 3-4-4 作為範例來解說，視覺距離感測模組可以回傳目前 AGV 車的位置狀態，跟我們所設計的移動路徑相減，即可以得到目前 AGV 車的位置誤差，將此誤差代入 PID 控制器可以計算出控制角速度 ω。將行走速度 v 和 ω 當作已知條件代入運動模

型動態方程式（式（4-3）和式（4-4）），則可以得到左右驅動輪馬達的轉速控制命令如式（4-5）和式（4-6），此時下達馬達指令並移動後再獲得新的誤差繼續重複上述步驟一直循環，這整個流程就是我們的回授走行控制演算法。在此，數位 PID 控制器可以寫成式（4-7），其中，k 代表時序參數。一般而言，PID 控制器的控制參數調整雖然有既定的大原則可以參考，但到目前為止並沒有標準化的調整程序可以適用於任何系統。因此，PID 參數的調整也是控制環節中非常仰賴經驗累積的專家學問。

$$\omega_R = \frac{2v + d\omega}{2r} \tag{4-5}$$

$$\omega_L = \frac{2v - d\omega}{2r} \tag{4-6}$$

$$\omega(k) = K_P \cdot e(k) + K_I \sum_{i=1}^{N} e(k-i) + K_D \big[e(k) - e(k-1) \big] \tag{4-7}$$

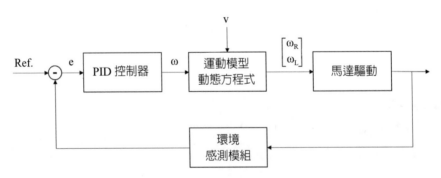

圖 3-4-4　回授控制示意圖

四、應用情境與實驗結果

　　最後我們使用搭配輸送帶之輕載型 AGV（如圖 3-4-5(a) 所示），配合先前介紹之視覺距離感測模組，在一個模擬醫療器具運送之場景（如圖 3-4-5(b) 所示）中進行無軌式 AGV 連續運行測試。在模擬的醫療器具運送場景中，AGV 藉由距離感

測模組獲得 AGV 與週邊環境間之距離，用來擬定行走路徑。舉例來說，在走道間行進時將隨時維持 AGV 與邊牆一定的距離，達成沿牆行走之行為；而在到達地面之輸送機時，則同樣藉由距離感測模組估測出輸送機之位置，讓 AGV 朝輸送機之位置前進，當到達設定距離後停止，讓 AGV 上運送的物品傳遞至地面輸送機的一端，模擬物品運送之過程。

(a) AGV 實體照片　　　　(b) 醫療器具運送之模擬場景

圖 3-4-5　搭配輸送帶輕載型 AGV

五、附註

1. 驅動輪：本節是指以馬達作為動力來源之車輪。

2. 輔助輪：輔助輪是指無動力可全方向移動的輪子，用於支撐車體而不傾倒。

3. 迴旋半徑：在本節是指當兩輪有速度差時車體運行一圓周路徑的半徑值。

4. 一步時間：係指在數位系統中每一個取樣點之間的時間差，一般為固定值。

5. 質心：係指車體的質量中心，在本例中，其質心位置大約落在兩輪連線之中點。

6. 無軌導引：係指自動搬運車在行進過程中，無需軌道（如鐵軌、磁軌）來作引導。

7. 嵌入式運算平台：泛指符合體積小、低功耗之運算平台，可處理特定功能之運算控制，如行動電話內之處理器。

8.對應特徵：係指視覺測距模組在估測距離的過程中，以雷射線在影像中之位置作爲特徵資訊。

3.5 電動輔助轉向裝置控制技術

本節介紹一個具有智慧型之電動動力輔助轉向系統取代傳統的液壓輔助轉向系統，並將此系統應用於實際輕型電動車上爲例介紹迴授控制觀念。一般而言，駕駛人的開車行爲本身乃是屬於一種閉迴路控制，駕駛人的眼睛即是一種感測器，會根據所看到的轉向角度誤差而轉動方向盤直到朝向目標方向前進。而電動動力輔助轉向裝置是希望透過電動輔助轉向控制器根據駕駛人操作方向盤之轉角及當下之行車車速，給予駕駛人適當的輔助動力，使其駕駛過程將會更舒適且更省力。我們在智慧型之電動動力輔助轉向系統上利用所謂的模糊控制，來判斷目前駕駛的方向盤轉向角度及行駛車速，決定輔助馬達所需給予的輔助命令電流大小，進而帶動轉向連桿組使車輪轉向。在不斷的進行判斷及輔助之下，形成一套標準的駕駛轉向行爲，且爲一種閉迴路控制概念。

一、電動輔助轉向裝置控制

電動動力輔助轉向系統的控制方塊圖，可參考圖 3-5-1。電動動力輔助轉向的輸入條件爲車子行進速度及方向盤的轉角，輸出則爲輔助馬達之命令電流（預期輔助馬達出力轉矩的大小），然後結合駕駛人之操作轉矩，透過傳動裝置帶動轉向連桿組，使車輪達到轉向的功能。

因此，馬達驅動器設計須能使馬達的電流能到達參考馬達電流，產生我們想要之馬達輔助轉矩，剩餘需求的轉矩可由駕駛人操控方向盤而得到。值得注意的是，在圖 3-5-1 中的電流命令產生策略，我們藉由模式選擇器來決定參考馬達電流值，由模式選擇器判斷目前駕駛情況。例如：方向盤轉角太小，即爲駕駛人誤動作並非要轉向，因此不給予馬達動力輔助，即進入停止模式；若方向盤維持一定角度進行轉向時，即進入維持模式，模式選擇器可判斷目前是處於轉向動作還是回正動作，如是轉向動作可給予較大馬達電達而產生較大輔助轉矩，而在回正動作時因有回饋

力矩，可考慮較小之馬達電流而產生較小輔助轉矩或者不給予輔助。

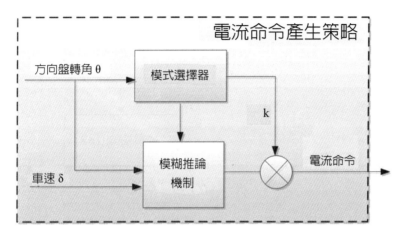

圖 3-5-1　電動動力輔助轉向控制方塊圖

　　模糊控制的輸入為正反轉的方向盤轉角及車子行進速度。模式選擇器決定目前所處的駕駛狀況且修正模糊控制器之模糊邏輯推論機制的輸出倍率值。電動動力輔助轉向系統則依輸出倍率值輸出參考馬達電流。換言之，轉向動作時輸出倍率值較大，回正時輸出倍率值較小。緊急轉向控制時，亦即當方向盤之加速度大於某一數值時，代表駕駛人正處於緊急轉向狀態，此時的輸出倍率值必需比正常轉向時的輸出倍率值再加大。圖 3-5-2 表示每控制週期內，電動動力輔助轉向控制之程式流程。

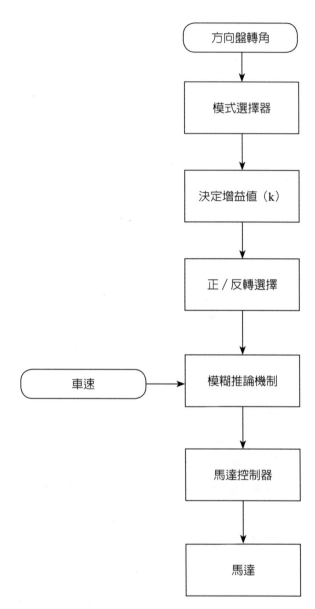

圖 3-5-2　電動動力輔助轉向控制程式流程

二、模糊控制器設計

模糊控制器設計可由以下步驟進行：

步驟 1：定義輸出入變數；選擇適當的輸出入變數，輸入變數可以是從受控系統所量測的觀測量（如方向盤轉角及車速），而輸出變數則是對受控系統的操作量（如馬達電流），設計時必須先選擇適當的輸出入變數，並加以定義。

步驟 2：模糊化；設計模糊控制器時，必須考慮輸入信號的各種形式，因此，選擇適當的模糊化策略，將輸入數值轉換成能被模糊控制器所接受的語言變數。

步驟 3：定義語言變數資料庫；設計模糊控制器時，必須考慮輸出入變數的操作範圍及特性，適當的選擇每個語言變數的論域值，歸屬函數型等。

步驟 4：設計模糊規則庫；根據知識及經驗建立模糊規則庫，此規則庫可用來描述控制目標及領域專家的控制策略。

步驟 5：設計模糊推論機構；模糊推論機是負責實際推理運算的核心單位，其具有模擬人類做決策判斷的能力。模糊推論的策略有很多種，需根據系統特性，來決定適當之模糊推論法。

步驟 6：解模糊化；模糊推論機制根據模糊規則庫進行推論並得到模糊輸出量，將其推論結果轉為明確值，此即解模糊化過程，解模糊化的方法非常多，舉凡有最大歸屬度法、重心法、高度法等，設計時需根據系統效能選擇最佳者。

綜合以上所述可知，模糊控制器其基本架構可如圖 3-5-3 所示：

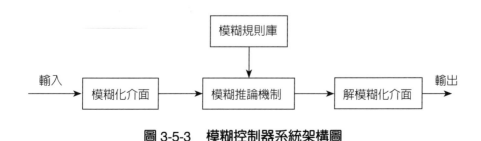

圖 3-5-3　模糊控制器系統架構圖

　　針對圖 3-5-3 之模糊推論機制，輸入變數分別爲車子行進速度及方向盤轉角，輸出變數則爲參考之馬達電流。輸出入變數之歸屬函數可表示如圖 3-5-4，表 3-5-1 爲本節設計之模糊規則庫。針對 2 個輸入變數及 25 條規則，模糊控制器的輸出可表示爲：

$$y = \frac{\sum\limits_{m=1}^{25} \overline{y}^m \prod\limits_{i=1}^{2} \mu_{A_i^m}(x_i)}{\sum\limits_{m=1}^{25} \prod\limits_{i=1}^{2} \mu_{A_i^m}(x_i)} \qquad (5\text{-}1)$$

其中，A_i^m 是第 i 個輸入對第 m 條模糊規則的模糊集合，$\overline{y}^m$ 是第 m 條模糊規則輸出歸屬函數之中心值。

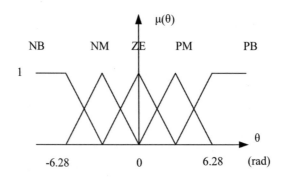

(a) 輸入方向盤角度之模糊集合

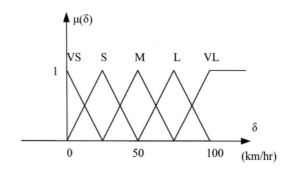

(b) 輸入車速之模糊集合

圖 3-5-4　模糊控制器設計歸屬函數

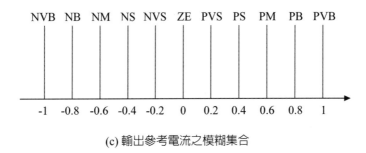

(c) 輸出參考電流之模糊集合

圖 3-5-4　模糊控制器設計歸屬函數（續）

表 3-5-1　模糊規則庫

		轉角，θ				
		NB	NM	ZE	PM	PB
速度，δ	VL	NVS	ZE	ZE	ZE	PVS
	L	NS	NVS	ZE	PVS	PS
	M	NM	NS	ZE	PS	PM
	S	NB	NM	ZE	PM	PB
	VS	NVB	NB	ZE	PB	PVB

三、實驗驗證結果

　　前述電動動力輔助轉向裝置控制技術實現於潔能車輛取代傳統液壓輔助轉向系統，如圖 3-5-5 所示。為了在實驗過程可以驗證四種不同的操控模式，我們規劃了實車測試路徑，如圖 3-5-6(a)。A1 點為啟點，A1 到 A2 為直線行駛段，主要測試停止模式；而 A2 點為右轉彎開始點，A2 到 B1 為右轉段，主要測試輔助模式、維持模式與回轉模式；B1 到 B2 為右轉後的直線行駛段，主要測試右轉後的停止模式；而 B2 點為左轉彎開始點，B2 到 C1 為左轉段，主要再次測試輔助模式、維持模式與回轉模式；C1 到 C2 為左轉後的直線行駛段，主要測試左轉後的停止模式。

　　從圖 3-5-6(b) 的量測資料可知，A1 到 A2 為直線行駛段，方向盤轉角在 0 度，因此馬達電流為 0，此時馬達是不作動；A2 到 B1 右轉段時，方向盤轉角開始正增

加（我們定義右為正轉角／左為負轉角），此時馬達電流也開始正增加（表示正轉），電流大小值與轉角大小成正比；B1 到 B2 為右轉後的直線行駛段，方向盤轉角返回，馬達電流也隨之減少，由於此段的直線行駛距離不長，所以方向盤轉角未完成回正前已結束此直線行駛過程；B2 到 C1 為左轉段，可以看出在 B2 點方向盤轉角必為 0 度（稱零交越點），方向盤轉角開始負增加（我們定義右為正轉角／左為負轉角），此時馬達電流也開始負增加（表示正轉），電流大小值與轉角大小成正；C1 到 C2 為左轉後的直線行駛段，方向盤轉角返回，馬達電流也隨之減少，由於此段的直線行駛距離也不長，所以方向盤轉角未完成回正前已結束此直線行駛過程。由實驗結果可知，電動動力輔助轉向裝置控制系統可根據駕駛人操作方向盤之轉角及當下之行車車速，給予駕駛人適當的輔助動力。透過模糊控制策略更接近人類思考模式，可使得電動動力輔助轉向系統在操控上更加的平順。

圖 3-5-5　電動動力輔助轉向裝置實車整合

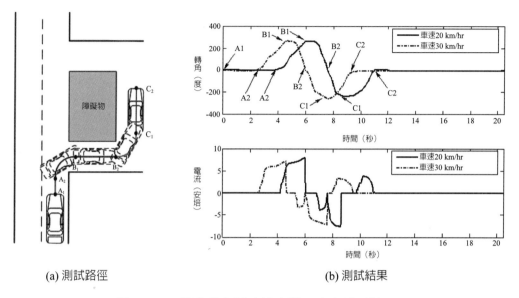

(a) 測試路徑　　　　　　　　　　　　　(b) 測試結果

圖 3-5-6　電動動力輔助轉向裝置實車驗證結果

四、附註

1. 模式選擇器：用於設定電動輔助轉向控制裝置的輔助電流狀態與電流值。

2. 轉向動作：在駕駛者轉動方向盤後，車輛行駛的方向能夠與駕駛者意圖相符，應避免轉向過度或轉向不足，尤其在高速行駛中。

3. 回正動作：在駕駛者鬆開方向盤後，車輛能夠自動恢復到直行的狀態。

4. 輸出倍率值：為防止過低的輸出值造成在控制端精確度失針，所以將其值以線性方式乘以 n 倍，在完成控制後再除回 n 倍，以恢復同尺度的物量值。

5. 控制週期：指在一個控制流程中，從最初的真實物理量（如方向盤轉角）輸入後，經內部控制執行到最後的輸出（馬達作的轉矩功）產生。

3.6 │ 輕型電動車之智慧傾斜控制系統

　　工研院研發輕型電動概念車（light electric vehicle, LEV），外型與功能以輕、小、巧爲設計訴求。車身整體輕量化的設計，可降低驅動車輛所需的動力與能量，具體達到節約能源的目的。小型化的設計，可讓車輛得以在擁擠的都會交通中穿梭自如，就目前一個標準停車格，平均可停放四輛 LEV 概念車，改善停車位難求及數量不足的問題。此外，採用菱形四輪配置，可提供極小的迴轉半徑，靈活好操控，且能夠進行原地迴轉，機動性佳。本節概述該車輛之智傾抗翻系統控制流程與控制架構，並初步驗證該智傾抗翻控制系統的效果可增加車輛過彎穩定性。

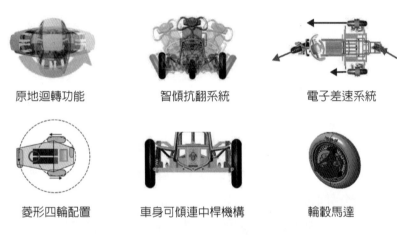

原地迴轉功能　　　　智傾抗翻系統　　　　電子差速系統

菱形四輪配置　　車身可傾連中桿機構　　輪轂馬達

圖 3-6-1　輕型電動概念車特點

一、智傾抗翻系統概述

　　智傾抗翻系統的目的在於提高車輛過彎時的穩定性，其利用傾斜動作使重力力矩降低側向力所造成的翻覆力矩，用以提升車輛都會區機動性，如圖 3-6-2 所示。智傾抗翻控制之力學推導，如下圖 3-6-3 車輛向左轉左傾時，車輛之受力狀況。可參見圖 3-6-3(a)，車輛所受外力，mg 爲重力，N_{x1}、N_{x2} 爲兩輪分別所受之正向力，F_{x1}、F_{x2} 爲兩輪分別所受之側向力。慣性力大小爲 mv^2/R。Φ 代表車體可傾部之傾

斜角，x 代表質心至轉向外側輪底之距離，y 代表質心至轉向外側輪底之垂直高度差，θ 為質心與外側輪底之連線與水平面的夾角。當考慮車輛輪胎變形與道路側斜坡面效應時，如圖 3-6-3(b) 所示，γ_1 為輪胎形變造成底盤角度變化，γ_2 為道路坡面角度，φ 為輪胎形變與道路坡面角度造成車身對鉛直方向上的額外角度。因此可知：

$$\varphi = \gamma_1 + \gamma_2 \tag{6-1}$$

若我們假設，要使內側輪不離地，即內側輪所受正向力須大於零，則此處我們假設 N_{x1} 為整車所受重力的 β 倍數（$0 \leq \beta \leq 0.5$），β 越大感到離心力所形成的翻覆扭矩越小。利用力矩平衡方程，我們可以推導出維持此一需求之車身傾角為式（6-2）所示：

$$\varphi = \sin^{-1}[\frac{t\sin\varphi}{Z} + \frac{a\cos(\varphi - \gamma_1) - T}{Z} + \frac{gRt}{v^2 Z}(2\beta\cos\gamma_1 - \cos\varphi)] + D - \varphi \tag{6-2}$$

其中，Z 與 D 皆為系統參數。

圖 3-6-2　智傾抗翻示意圖

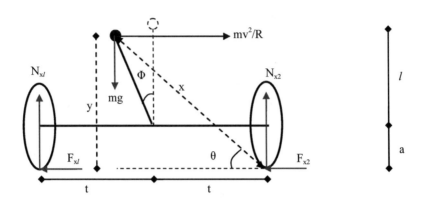

(a)車身左傾之受力圖（平地過彎行駛）

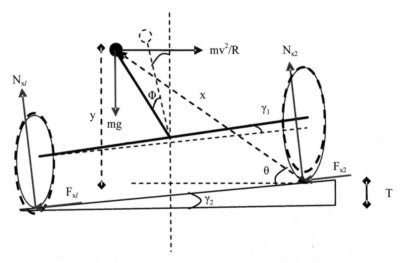

(b)車身左傾之受力圖（側斜坡行駛）

圖 3-6-3　智傾抗翻系統之力圖

二、控制系統設計

　　經由感測器輸入車輛各種訊號，控制器計算出所需傾角，搭配控制邏輯，決定馬達的轉動，以回饋控制驅動馬達。若系統算出最大傾角未能達成穩定過彎，則會發出警訊。根據操作流程圖（如圖 3-6-4 所示）決定控制程序與步驟，利用 Simulink 實現各步驟計算與判斷，並利用 Stateflow 判斷各操作流程。

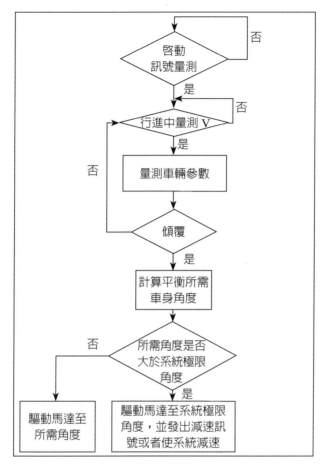

圖 3-6-4　智傾抗翻系統控制流程概略圖

　　LEV 概念車智傾抗翻系統爲電動驅動控制，利用馬達驅動車身可傾機構，因爲需要感測多種訊號並計算出所需命令，所以控制系統還需包含數個感測器及控制器。而控制器採用軟體快速發展系統 MicroAutoBox 作爲系統整合控制之軟體發展，待系統雛型發展完成後可將程式移植到微處理器。控制器之硬體電路主要是對感測器之輸出訊號作電壓準位修正及雜訊處理，以及馬達驅動器保護功能。軟體的部分則利用根據傾斜角感測器訊號，做位置控制迴路之 PID 控制，系統方塊圖如圖 3-6-5 所示。

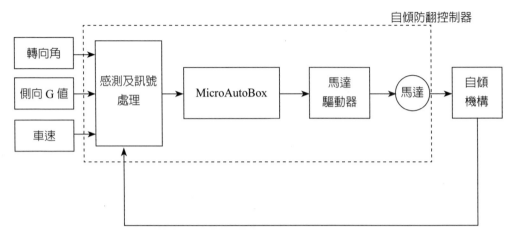

圖 3-6-5　智傾抗翻控制系統方塊圖

三、系統測試與驗證

　　執行「定圓測試」實驗。立車模式之行車速率達到 28km/h 時，側向加速度為 0.31g，此時內側輪已經因為翻覆力矩而開始離地懸空，車輛動態偏過度轉向，駕駛者必須減少轉向角度，才能使車輛維持操駕穩定，測試結果整理如圖 3-6-6(a) 所示。在傾車模式下，車輛速率達 31km/h，側向加速度為 0.38g，配合大約 20° 的車身傾角，車輛依然能穩定行使，且內側輪依舊與地面接觸而不致離地，證明智傾抗翻系統讓 LEV 概念車在更高的速率下仍可穩定流暢地轉彎，測試結果整理如圖 3-6-6(b) 所示。由此可知，智傾抗翻系統可使 LEV 概念車得以更高速、更穩定地完成轉彎動作。因此，智傾抗翻系統可有效地提升 LEV 概念車行進的穩定性，轉彎時並能兼具速度與舒適性。

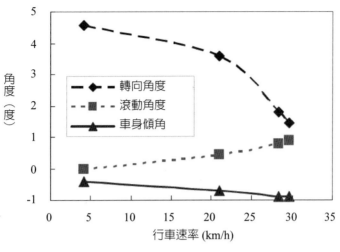

(a)「立車模式」之定圓測試

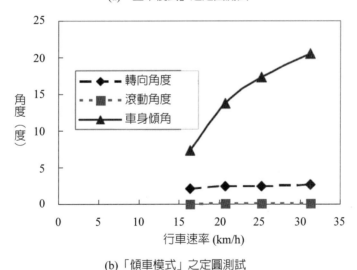

(b)「傾車模式」之定圓測試

圖 3-6-6 智傾抗翻系統之定圓測試實驗結果

四、附註

1. 重力力矩：物體重力對質量中心所造成之力矩。
2. 翻覆力矩：造成車體翻覆之力矩。

3. Simulink：為建構在 Matlab 環境下的模擬工具，是一種用來分析與模擬系統動態特性的軟體。

4. Stateflow：是一種圖形化的設計開發工具，有人稱之為狀態流。主要用於 simulink 中控制和檢測邏輯關係的。

5. MicroAutoBox：在不同的情境與工作條件之下運作的即時控制系統，可以在無人操作的狀況之下和一般車控電腦或電子控制器（ECU）一樣的自動運作，完全取代原本存在於系統中的控制器。

6. 定圓測試：測試車在固定半徑下，進行圓周行駛測試。

7. 立車模式：測試車體與地面保持垂直之行駛模式。

8. 傾車模式：測試車體可任意傾斜各種角度之行駛模式。

3.7 ┃ 變速箱運動控制器設計

傳動系統可說是汽車中僅次於引擎外之最重要組件，主要是用來傳送引擎動力到達驅動輪使車輪轉動。傳動系統中又以變速箱最為複雜，主要功能在於提供適合之檔位減速比，藉由改變引擎輸出的扭力大小與轉速高低，使車子可以行駛於較大車速範圍及坡度範圍；當車輛起步、爬坡與超車時變換齒輪比，藉以提供有效扭力來推動汽車，且維持引擎在較省油之轉速範圍內運轉，並提供汽車前進與後退之功能。於 1990 年代初期，市面上就出現自動離合手排變速箱（auto-clutch manual transmission, AcMT），利用電路控制作動器取代傳統手排車換檔時須切換離合器之困擾。本節主要目的在於設計變速箱運動控制器，使得自動離合手排變速箱可利用永磁同步馬達（permanent magnet synchronous motor, PMSM）進行離合器脫離與咬合的功能。

一、變速箱馬達控制器設計

控制系統設計的過程中，建立物理系統的模型化是一個重要的因素，而回授控制器設計關係系統響應的好壞，系統的響應則可以由控制規格制定，例如：響應的上升時間、安定時間、最大超越量與發生時間、穩態誤差等。本節採用工業界常用

的比例積分（PI）控制器設計，比例控制器可視爲一個增益放大器，增加比例控制器增益會使得系統響應的上升時間縮短、誤差變小；若增益太大會使其發生最大超越量過大、安定時間太長或震盪現象，也無法完全消除穩態誤差，因此需增加積分控制器改善穩態誤差。比例積分控制器結構簡單且實現容易，能改善系統的穩態行爲，亦同時維持系統的暫態響應特性。

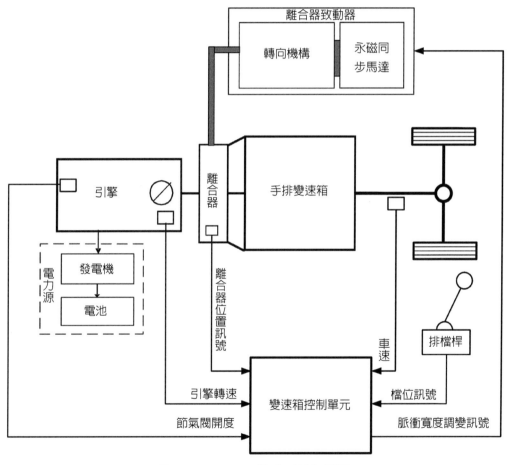

圖 3-7-1　AcMT 變速系統架構圖

本節探討之 AcMT 自動離合手排變速箱系統架構如圖 3-7-1 所示，永磁同步馬

達搭配轉向機構帶動離合器頂桿可控制離合器的咬合與脫離。本節採用之馬達控制迴路共有內外兩個閉迴路系統，內迴路為電流閉迴路且外迴路為位置閉迴路。在位置迴路內加入電流迴路主要是希望可以快速控制頂桿的位置響應。電流迴路主要影響車輛在換檔時引擎動力脫離與結合的時間快慢，位置迴路則控制離合器頂桿定位精準與否，會直接影響車輛在離合器接合時的動力銜接平順性。變速箱馬達（永磁同步馬達）定子電流閉迴路控制方塊如圖 3-7-2 所示。定子電流控制器 $C_q(s)$ 的輸入為電流命令 i* 與定子電流實際回授訊號 i 的差值。在此，定子電流控制器 $C_q(s)$ 採用前述比例積分控制器設計，並且 $C_q(s)$ 的輸出為計算後的電壓控制量 v。R_s 為定子線圈電阻且 L_s 為定子線圈電感，建構定子線圈之物理模型：

$$L_s \frac{d i}{d t} + R_s i = v \qquad (7\text{-}1)$$

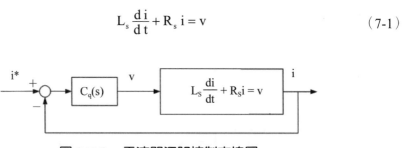

圖 3-7-2　電流閉迴路控制方塊圖

位置閉迴路控制方塊圖如圖 3-7-3 所示。X_p^* 為位置迴路命令，X_p 為位置回授信號，利用感測器所量得的位置與位置命令相減後所得之位置誤差作為位置迴路控制器 $C_p(s)$ 之輸入命令。在此，位置迴路控制器 $C_p(s)$ 仍採用比例積分控制器設計，並且經過位置迴路控制器 $C_p(s)$ 處理後的訊號輸出至電流閉迴路 $G_{qs}^c(s)$。

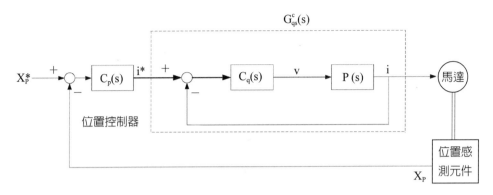

圖 3-7-3　位置閉迴路控制方塊圖

二、實驗結果與性能評估

本實驗變速箱運動控制機構實體如圖 3-7-4 所示，其中，左方的離合器頂桿所控制的位置即可控制離合器的咬合與脫離，離合器位置感測元件使用的電源為 5 伏特，感測元件輸出電壓為類比訊號，其訊號的大小代表離合器頂桿的位置。本實驗將 0 伏特至 5 伏特的類比訊號切成 250 等分，離合器位置 30 代表離合器完全與引擎動力脫離的階段，此時引擎的動力完全與輪子脫離，無動力輸出至車輛端，最後車輛會停止不動。離合器位置 230 代表離合器完全與引擎動力接合的階段，此時引擎的動力完全輸出使車輛移動。換檔完成必須將離合器頂桿停在此位置，確保引擎的動力完全傳送到整車。離合器頂桿位置 180 代表離合器開始磨合的階段，此時引擎的動力透過變速系統慢慢的傳送到輪子，其花費時間長短會影響車輛換檔時的平順性。圖 3-7-5 顯示運動控制機構經閉迴路位置控制時，離合器行程由離合器完全脫離的位置 30 至離合器全部咬合的位置 230，行駛一趟的花費 0.426 秒即可完成離合器定位控制。圖 3-7-6 顯示離合器由全部咬合的位置 230 至離合器完全脫離的位置 30，行使一趟的花費 0.428 秒即可完成定位控制。一般車輛完成換檔的時間大約 1.2～1.4 秒，因此尚有 0.774～0.974 秒執行換檔控制策略的判斷與換檔舒適性的控制。

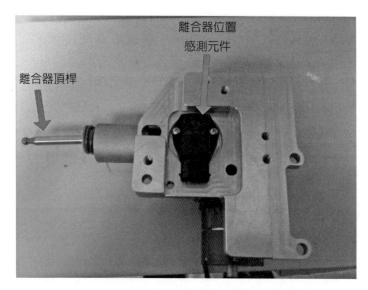

圖 3-7-4　變速箱運動控制機構與位置感測元件

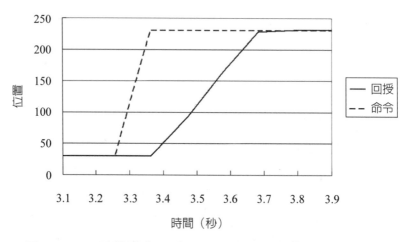

圖 3-7-5　馬達位置由 30 至 230 波形（花費時間 0.426 秒）

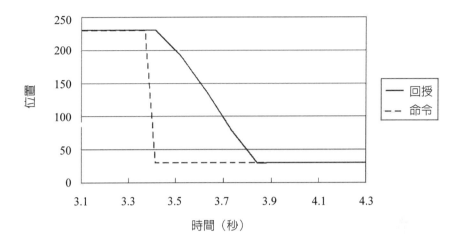

圖 3-7-6　馬達位置由 230 至 30 波形（花費時間 0.428 秒）

三、附註

1. 自動離合手排變速箱：利用電動馬達來控制離合器作動的變速機構。

2. 永磁同步馬達：轉子爲永久磁鐵、定子爲線圈，由於轉子爲永久磁鐵不需要激磁電流，轉子損失很低，所以此種馬達具有較高的效率。

3. 轉向機構：可將馬達出力軸的旋轉運動轉換爲直線運動的機械結構體。

4. 離合器位置感測元件：感測元件形式爲類比式訊號，其訊號範圍 0～5 伏特，利用類比訊號的改變可以得知離合器實際作動的位置。

國家圖書館出版品預行編目資料

自動控制系統基礎與應用／財團法人工業技
術研究院著. -- 初版. -- 臺北市 ： 五南,
2017.06
　　　面；　　公分
ISBN 978-957-11-9029-7（平裝）
1.自動控制
448.9　　　　　　　　　　106000398

5F65

自動控制系統基礎與應用

作　　　者 — 財團法人工業技術研究院(499.1)

發 行 人 — 楊榮川

總 經 理 — 楊士清

總 編 輯 — 楊秀麗

主　　編 — 高至廷

文字編輯 — 林亭君

封面設計 — 陳翰陞

出 版 者 — 五南圖書出版股份有限公司

地　　址：106台北市大安區和平東路二段339號4樓

電　　話：(02)2705-5066　　傳　　真：(02)2706-6100

網　　址：http://www.wunan.com.tw

電子郵件：wunan@wunan.com.tw

劃撥帳號：01068953

戶　　名：五南圖書出版股份有限公司

法律顧問　林勝安律師事務所　林勝安律師

出版日期　2017年 6 月初版一刷
　　　　　2019年10月初版二刷

定　　價　新臺幣380元